国家林业局普通高等教育"十三五"规划教材

森林公安基础化学

主　编　厉开平

中国林业出版社

图书在版编目（CIP）数据

森林公安基础化学/厉开平主编. 北京：中国林业出版社，2016.9（2024.9重印）
国家林业局普通高等教育"十三五"规划教材
ISBN 978-7-5038-8732-1

Ⅰ.①森… Ⅱ.①厉… Ⅲ.①化学-高等学校-教材 Ⅳ.①O6

中国版本图书馆CIP数据核字（2016）第232023号

国家林业局生态文明教材及林业高校教材建设项目

中国林业出版社·教育出版分社

策划编辑：杨长峰 高红岩　　　　　责任编辑：丰 帆 高红岩
电　话：(010) 83143554　83143558　　传　真：(010) 83143516

出版发行　中国林业出版社(100009　北京市西城区德内大街刘海胡同7号)
　　　　　E-mail:jiaocaipublic@163.com　电话:(010)83143500
　　　　　https://www.cfph.net
经　销　新华书店
印　刷　北京中科印刷有限公司
版　次　2016年9月第1版
印　次　2024年9月第3次印刷
开　本　787mm×1092mm　1/16
印　张　10.5
字　数　240千字
定　价　28.00元

南京森林警察学院系列规划教材
《森林公安基础化学》编写人员

主　　编　　厉开平

副主编　　史洪飞

编　　者　　（按姓氏笔画排序）

　　　　　　马艳君　　厉开平　　史洪飞　　宋小娇

前 言

　　《森林公安基础化学》是为南京森林警察学院刑事科学技术专业全日制本科生编写的教材，也可作为同类院校教学参考用书和广大森林公安民警培训、进修和自学用书。本教材内容主要包括绪论、物质结构与元素周期律、溶液与胶体、有机化合物等。

　　在编写本教材过程中，参照高中化学教学内容，依据多年全日制本科教学经验，集体讨论审定教学大纲，注意内容的科学性、系统性及联系森林公安工作实际需要，力求突出重点、深入浅出；非重点部分则简明扼要、通俗易懂，突出知识性和实用性，并在每章末附有一定数量的练习题，便于学生自学。

　　参加本教材编写人员分工如下：

　　厉开平（第一章物质结构与元素周期律；第五章化学与环境保护；第六章化学与森林防火）；史洪飞（绪论；第二章化学反应速率与化学平衡）；马艳君（第三章溶液与胶体）；宋小娇（第四章有机化合物）。全书由厉开平统一修改定稿。

　　本教材的编写，得到了学院领导和教务处、刑事科学技术系等部门的关心和大力支持；所有参编人员参考了大量同类教材，有关著作和相关资料附后，在此一并表示衷心感谢。

　　由于编者水平和实际工作经验有限，书中难免存在疏漏和不妥之处，敬请使用本教材的老师和同学提出宝贵意见，供以后修订。

编　者

2016 年 3 月

目 录

前 言

绪 论 ……………………………………………………………… (1)

　一、化学的学科地位 …………………………………………… (1)

　二、化学的分支 ………………………………………………… (1)

　三、化学是刑事科学技术的基础 ……………………………… (2)

第1章　物质结构与元素周期律 ……………………………… (4)

　第一节　原子结构 ……………………………………………… (4)

　　一、原子构成 ………………………………………………… (4)

　　二、原子核外电子运动规律 ………………………………… (6)

　　三、原子光谱 ………………………………………………… (8)

　第二节　元素周期律 …………………………………………… (8)

　　一、元素周期表的结构 ……………………………………… (8)

　　二、原子核外电子排布与元素周期表的关系 …………… (10)

　　三、元素性质的周期性递变规律 ………………………… (10)

　第三节　常见元素及其重要化合物 ……………………… (11)

　　一、s 区元素及其化合物 ………………………………… (11)

　　二、p 区元素及其化合物 ………………………………… (14)

　　三、过渡元素及其化合物 ………………………………… (22)

　第四节　分子结构 ………………………………………… (26)

　　一、化学键 ………………………………………………… (26)

　　二、分子间作用力 ………………………………………… (29)

　　三、分子的极性 …………………………………………… (30)

　　四、晶体的结构 …………………………………………… (31)

第2章　化学反应速率与化学平衡 ………………………… (36)

　第一节　化学反应速率 …………………………………… (36)

一、化学反应速率的表示方法 …………………………………… (36)

二、浓度对化学反应速度的影响 ………………………………… (37)

三、温度对化学反应速度的影响 ………………………………… (38)

四、催化剂对反应速度的影响 …………………………………… (39)

第二节 化学平衡 ……………………………………………………… (40)

一、可逆反应与化学平衡 ………………………………………… (40)

二、平衡常数 ……………………………………………………… (41)

三、化学平衡的移动 ……………………………………………… (43)

第3章 溶液与胶体 ……………………………………………………… (48)

第一节 溶液的浓度 ………………………………………………… (48)

一、分散系的概念 ………………………………………………… (48)

二、溶液浓度的表示方法 ………………………………………… (49)

三、浓度的换算 …………………………………………………… (49)

第二节 稀溶液的依数性 …………………………………………… (50)

一、溶液的蒸气压下降 …………………………………………… (50)

二、溶液的沸点上升和凝固点下降 ……………………………… (51)

三、溶液的渗透压 ………………………………………………… (53)

第三节 电解质溶液 ………………………………………………… (54)

一、弱电解质的电离平衡 ………………………………………… (54)

二、同离子效应与缓冲溶液 ……………………………………… (58)

三、盐类的水解 …………………………………………………… (61)

四、沉淀溶解平衡 ………………………………………………… (64)

第四节 胶 体 ……………………………………………………… (67)

一、胶体的性质 …………………………………………………… (67)

二、胶体的结构 …………………………………………………… (68)

三、胶体的稳定性与聚沉 ………………………………………… (69)

第4章 有机化合物 ……………………………………………………… (72)

第一节 有机化合物概述 …………………………………………… (72)

一、有机化合物概念 ……………………………………………… (72)

二、有机化合物的特点 …………………………………………… (72)

三、有机化合物的分类 …………………………………………… (73)

四、有机化合物中的共价键及有机反应类型 …………………… (74)

五、有机化合物的命名 …………………………………………… (76)

第二节 烃类化合物 ………………………………………………… (78)

一、烷烃 ……………………………………………………………………… (78)

二、烯烃与炔烃 ……………………………………………………………… (81)

三、芳香烃 …………………………………………………………………… (84)

第三节 含氧有机物 ……………………………………………………… (89)

一、醇、酚、醚 ……………………………………………………………… (89)

二、醛、酮 …………………………………………………………………… (97)

三、羧酸、取代酸 …………………………………………………………… (100)

四、酯、油脂 ………………………………………………………………… (104)

五、碳水化合物 ……………………………………………………………… (106)

第四节 含氮有机物 ……………………………………………………… (112)

一、硝基化合物 ……………………………………………………………… (112)

二、胺类 ……………………………………………………………………… (113)

三、氨基酸和蛋白质 ………………………………………………………… (114)

四、生物碱 …………………………………………………………………… (117)

第五节 高分子化合物 …………………………………………………… (118)

一、高分子化合物的概念 …………………………………………………… (118)

二、高分子化合物的特点 …………………………………………………… (118)

三、高分子化合物的分类 …………………………………………………… (119)

四、高分子化合物的命名 …………………………………………………… (120)

五、高分子的结构和性能的关系 …………………………………………… (120)

第5章 化学与环境保护 ………………………………………………… (125)

第一节 环境污染的分类 ………………………………………………… (125)

一、环境与环境污染 ………………………………………………………… (125)

二、环境污染的分类 ………………………………………………………… (126)

第二节 环境污染的危害 ………………………………………………… (127)

一、大气污染的危害 ………………………………………………………… (127)

二、水污染的危害 …………………………………………………………… (128)

三、土壤污染的危害 ………………………………………………………… (129)

四、核污染的危害 …………………………………………………………… (129)

第三节 主要的环境污染源 ……………………………………………… (130)

一、主要污染源 ……………………………………………………………… (130)

二、主要污染物 ……………………………………………………………… (131)

第四节 环境污染的防治 ………………………………………………… (132)

一、水污染的防治 …………………………………………………………… (132)

二、大气污染的防治 ………………………………………………………… (134)

三、固体污染物的控制 ……………………………………………………… (134)

第 6 章　化学与森林防火 ……………………………………………… (135)

　第一节　森林火灾 …………………………………………………… (135)

　　一、森林火灾的形成 ………………………………………………… (135)

　　二、森林火灾的常用灭火方法 ……………………………………… (138)

　　三、森林火灾化学灭火的特点 ……………………………………… (139)

　第二节　森林火灾常用的化学灭火剂 …………………………… (140)

　　一、森林灭火对化学灭火剂的要求 ………………………………… (140)

　　二、短效灭火剂 ……………………………………………………… (140)

　　三、长效灭火剂 ……………………………………………………… (142)

　第三节　化学除草剂开设防火线 ………………………………… (144)

　　一、除草剂的常见类型 ……………………………………………… (144)

　　二、除草剂的杀草原理 ……………………………………………… (145)

　　三、常用森林防火线除草剂简介 …………………………………… (145)

　　四、用化学除草剂开设防火线的方法 ……………………………… (147)

附录 1　难溶物质的溶度积常数表 ……………………………… (150)

附录 2　常见弱电解质在水溶液中的电离常数 ……………… (152)

附录 3　常见配离子的稳定常数 ………………………………… (153)

参考文献 ……………………………………………………………… (154)

绪　论

一、化学的学科地位

化学是研究物质的组成、结构、性质及其变化的一门基础自然科学。目前已经发现的自然界中存在的 110 多种化学元素，它们构成了一个有规律的自然体系——元素周期系，这些元素的具体存在形式和它们的变化行为便成为化学的具体研究对象。

化学是一门承上启下的中心科学。它不仅是认识世界，而且也是创新知识，尤其是创新物质的基础科学，在自然科学中处于中心地位，对世界科学技术和经济的发展起着至关重要的作用，它与信息、生命、材料、环境、能源、地球、空间和核科学等八大朝阳科学都紧密联系、交叉渗透。

化学又是一门社会迫切需要的科学，它与人类的关系十分密切。人类的衣、食、住、行都离不开化学：色泽艳丽的衣料需要化学染料的印染；化学纤维的挺拔、耐磨等特性改善了天然纤维的缺陷；皮革的化学处理，农业上的化肥和农药，食品中的添加剂，建筑所使用的水泥、玻璃、各种钢材、涂料等都是化学产品。

二、化学的分支

根据研究对象和方法的不同一般把化学分为 5 个分支领域，即无机化学、有机化学、分析化学、物理化学和高分子化学。

无机化学是研究无机化合物的性质及反应的化学分支。无机化合物包括除碳链和碳环化合物之外的所有化合物，因此，无机化合物种类众多，内容丰富。人类自古以来就开始了制陶、炼铜、冶铁等与无机化学相关的活动，至 1871 年，俄国学者 Mendeleev 发表了"化学元素的周期性依赖关系"一文并公布了与现行周期表形式相似的 Mendeleev 周期表。元素周期律的发现奠定了现代无机化学的基础。

有机化学是一门研究碳氢化合物及其衍生物的化学分支，也可以说有机化学就是有关碳的化学。今天的有机化学，从实验方法到基础理论都有了巨大的发展。每年世界上有近百万个新化合物被合成出来，其中90％以上是有机化合物。随着有机化学研究的深化，还衍生出若干分支学科，如天然有机化学、物理有机化学、金属有机化学和合成有机化学等。随着人们对于生命现象以及环境问题的日益关注，有机化学越来越显示出强大的生命力，成为改善人类生活质量的有力助推力量。

分析化学主要工作是分析物质的组成、结构、性质，以及分离和提纯物质。经典的分析技术被广泛用于分析化学实验的产物组成、矿物的组分以及鉴定未知元素中。分析化学在刑事物证鉴定和日常生活中都有着大量的应用，如毒物、毒品的检测、食品质量的检验、环境质量的监测等。分析化学也有多个重要分支，如光谱分析、电化学分析、色谱分析和质谱分析等。

物理化学是化学中的一个理论分支，它应用物理方法来研究化学问题。在化学探索中，化学家不仅要合成新的化合物，还要理解和掌握化学反应的内在规律。物理化学就是这样一个领域，它从物理学的发展中获得灵感，并将其应用到更为复杂的化学领域中去，研究化学体系的原理、规律和方法。物理化学也逐渐形成了若干分支：化学热力学、化学动力学、量子化学、表面化学、催化和电化学等。

高分子化学是研究高聚物的合成、反应、化学和物理性质以及应用的化学分支。与化学的其他分支学科相比，高分子化学是一个年轻的学科。合成高分子的历史不超过80年，但是它的发展非常迅速。一般化合物的分子量是几十到几百，而高分子化合物的分子量通常是几万甚至几十万。由成千上万小分子单体聚合成链并交织在一起，就组成了橡胶、纤维或塑料等高分子材料。高分子材料具有易于加工和成本低廉的优点，与天然材料相比，高分子材料不受气候、季节和种植面积的影响，因此，非常适合作为天然材料（如棉、麻、天然橡胶等）的替代品。高分子材料还具有弹性好、强度高、耐腐蚀等特点，因此，在日常生活和工业生产中已经得到广泛应用。随着塑料工业技术的迅速发展，塑料已经与钢铁、木材、水泥并列成为国民经济四大支柱材料。

三、化学是刑事科学技术的基础

刑事科学技术是运用自然科学和社会科学的相关原理与方法，进行发现、提取、检验和分析与犯罪有关的痕迹和物证，为侦查破案提供线索和证据。刑事科学技术可分为痕迹检验、文件检验、法医检验、刑事化验和刑事图像等分支学科，从自然科学的角度来看，刑事科学技术的研究内容可分为3个方面：一是研究与犯罪有关的痕迹的形貌或形态，包括手印、足迹、工具痕迹、枪弹痕迹、车辆痕迹、字迹以及图像处理等；二是研究与犯罪有关物证的化学组成，包括爆炸物、油漆、塑料、橡胶、毒物、毒品等；三是研究与犯罪有关的痕迹和物证的生理和病理特征，如法医检验。

从刑事科学技术的研究内容来看，研究物证的化学组成，必须要以化学为基础。例如，鉴定各种检材所用的基本物质之一是化学试剂，若做到正确使用它们，则应对化学试剂的组成和性质有所了解；鉴定各种检材的方法的基本原理是依据物质的性质和化学变化特点建立起来的，要想掌握方法的原理，就需要认识化学变化的规律；鉴定各种检材的基本操作多数是应用理化分析的技术和技巧。为提高从事科研和办案的本领，必须学会化学操作方法。在具体的应用上，例如，检验爆炸案件现场的爆炸尘土，以确定炸药的种类；分析交通肇事案中现场的油漆碎片与嫌疑车辆油漆成分的异同；分析毒物、毒品的化学成分；汗渍指纹和血指纹的化学显现；笔迹色痕的形成时间及文字色料的成分等，都应用到相关的化学知识。

第1章

物质结构与元素周期律

自然界中的物质，种类繁多，性质千变万化。不同物质的性质差异是由物质内部结构的不同决定的。而变化万千的物质有着其内在的必然联系，它们都是由种类不同的原子所组成。原子以不同种类、数目和方式结合，形成了无数的物质。因此，原子结构的知识是了解物质结构和性质的基础。化学变化包含着旧的化学键的断裂和新的化学键形成。在常规的化学变化中，原子核并不发生变化，而是原子核外电子的运动状态发生了改变。因此，要了解物质的性质和变化规律，就必须了解原子的内部结构及原子核外电子的运动状态。原子中的电子质量小，运动速度快，属微观粒子范畴，其运动不遵守宏观的牛顿运动规律，因此，不能用研究宏观物体的方法研究。微观粒子有着诸如波粒二象性、测不准原理等不同于宏观物体的运动属性，因此，在学习原子结构过程中，我们应区别宏观物体和微观粒子运动规律的异同性。

第一节 原子结构

一、原子构成

(一)原子构成

原子是由居于原子中心的原子核和核外绕核作高速(3×10^8 m/s)旋转运动的电子构成。原子核又是由质子和中子构成的。1个质子带1个单位的正电荷，1个电子带1个单位的负电荷，中子不带电，而整个原子对外不显电性，因此，一个原子中所拥有的质子数目与电子数目必然相等。我们把原子核所带的电荷数称为核电荷数，则：

核电荷数＝核内质子数＝核外电子数

1个质子的质量约为1.6726×10^{-27} kg，1个中子的质量约为1.6748×10^{-27} kg，电子

的质量约为 $9.1095×10^{-31}kg$，是质子质量的 1/1836，可以忽略不计。所以原子的质量几乎全部集中在原子核上。由于质子、中子的质量很小，采用 kg 作单位计算不太方便，因此，通常用它们的相对质量。这种相对质量是以碳-12 原子质量的 1/12 为标准相比较而得的数值。实验测得碳-12 原子质量是 $1.9927×10^{-26}kg$，它的 1/12 为 $1.6606×10^{-27}kg$。因此，质子和中子的相对质量分别为 1.007 和 1.008，取近似整数值为 1。如果忽略电子的质量，则将原子核内所有的质子和中子的相对质量取近似整数值相加所得的数值，叫作该原子的质量数。即：

$$质量数＝质子数＋中子数$$

用 X 表示元素符号，A 表示质量数，Z 表示核电荷数，原子构成可表示为：

$$原子(_Z^A X)\begin{cases} 原子核\begin{cases} 质子(Z个) \\ 中子(A-Z个) \end{cases} \\ 核外电子数(Z个) \end{cases}$$

其中：

核电荷数(Z)＝核内质子数＝核外电子数＝原子序数

质量数(A)＝质子数(Z)＋中子数(N)

(二)核素

我们知道，元素是具有相同核电荷数(质子数)的同一类原子的总称。但同种元素原子的原子核中，质子数相同，中子数却不一定相同，例如，氢元素有 $_1^1H$、$_1^2H$、$_1^3H$，分别称为氕、氘、氚，其中子数分别为 0，1，2。

把具有一定数目质子和一定数目中子的一种原子叫作核素，$_1^1H$、$_1^2H$、$_1^3H$ 就各为一种核素，它们都是氢元素。而把质子数相同，中子数不同的同一元素的不同原子互称为同位素(即同一元素的不同核素互称为同位素)。如 $_1^1H$、$_1^2H$、$_1^3H$ 三种核素都是氢的同位素。

自然界中的元素，很多都具有不同数量的同位素，如 $_6^{12}C$、$_6^{13}C$、$_6^{14}C$，$_{17}^{35}Cl$、$_{17}^{37}Cl$，$_{92}^{234}U$、$_{92}^{235}U$、$_{92}^{238}U$ 等，且天然存在的同位素，相互间保持一定的比率。元素的相对原子质量(即原子量)，就是按照该元素各种核素原子所占的一定百分比计算出的平均值，如在天然存在的氯元素中，$_{17}^{35}Cl$ 占 75%，$_{17}^{37}Cl$ 占 25%，因此，氯元素的原子量约为 $35×75\%+37×25\% ≈35.5$；天然存在的氧元素中，$_8^{16}O$ 占 99.8%，$_8^{17}O$ 占 0.04%，$_8^{18}O$ 占 0.16%，则氧元素的原子量约为 $16×99.8\%+17×0.04\%+18×0.16\%≈16$。

拓展阅读

卢瑟福的氢原子模型

卢瑟福(E. Rutherford)1911 年通过 α 粒子散射实验确认原子内存在一个小而重的、带正电荷的原子核。卢瑟福建立的有核原子模型的理论要点如下：①原子由原子核和电子构成；②原子核体积非常小，密度非常大，带正电荷，集中了原子的绝大部分质量(99.9%以上)；③电子绕核做圆周运动，并有不同的运动轨道，就像行星绕太阳运动一样。

卢瑟福的理论开拓了研究原子结构的新途径，为原子结构的发展奠定了坚实的基础，并为以后原子科学的发展立下了不朽的功勋。卢瑟福及其学生和助手有多人获得了诺贝尔奖。后来，英国的莫斯莱(H. Moseley)证明，原子核的正电荷数等于核外电子数。再后来又证实原子核由质子和中子组成。由此，形成了经典的原子模型。

卢瑟福的核模型与经典电动力学是相矛盾的。据经典电动力学，带负电荷的电子围绕带正电荷的原子核高速运动时，应当不断的以电磁波的形式放出能量。原子整个体系每放出一部分能量，电子必然向核靠近一些，因此，最终的结果是电子离核越来越近，最终落到原子核上，原子将不复存在。但实际情况并非如此，多数原子是可以稳定存在的。此外，原子发射电磁波的频率决定于电子绕核运动时放出的能量，由于放出能量是连续的，因而原子发射电磁波的频率也应当是连续的。但是，原子的发射光谱不是连续光谱而是线状光谱，原子只发射具有一定能量的波长的光。

二、原子核外电子运动规律

(一)核外电子的运动状态

电子在原子核外极小的空间(直径约为 10^{-10} m)内作极高速(光速)的运动，显然，电子的运动与普通宏观物体的运动不同，它有着自身特殊的运动规律。对于多电子原子，电子在核外的运动不仅分层、还分亚层，每一亚层还分不同轨道，电子还有自旋方向(顺时或逆时)的不同。为了描述电子运动状态，科学家用电子云来形象地表示原子核外电子的运动(图 1-1)。

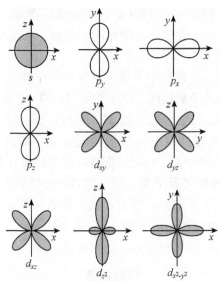

图 1-1　电子云角度分布剖面图

1. 电子层

用 $n=1$，2，3，4，5，6，7 或 K、L、M、N、O、P、Q 来表示从内到外的电子层。总体上，由内到外，电子层上的电子能量依次升高。

2. 电子亚层

用 s、p、d、f 表示。其中，第 1 电子层只有 s 亚层，第 2 电子层有 s、p 2 个亚层，第 3 电子层有 s、p、d 3 个亚层，第 4 电子层往后都有 s、p、d、f 4 个亚层。s、p、d、f 亚层上的电子能量依次升高。

3. 电子轨道

s 亚层只有 1 个球形轨道，p 亚层有 3 个纺锤形轨道，d 亚层有 5 个、f 亚层有 7 个较复杂形状的轨道。因此，第 n 层有 n^2 个电子轨道（第 5 层以后的实际轨道数并没有那么多）。各亚层不同轨道上的电子能量相等。

4. 电子自旋

电子在核外除做绕核旋转运动以外，还进行自身按顺时针或逆时针旋转。

(二)核外电子的运动规则

1. 能量最低原则

电子总是尽可能分布到能量最低的轨道上。一般情况下，越靠近原子核的电子层，能量越低，但从第三层的 d 轨道开始，能量有交错现象。图 1-2 为原子核外电子轨道的近似能级图。

2. 泡利不相容原则

在同一原子中没有电子层、电子亚层、电子轨道及电子自旋 4 个参数完全相同的电子存在。据此原则，每一个原子轨道上最多只能容纳两个自旋方向相反的电子，每个电子层最大电子容量为 $2n^2$ 个。例如：O 原子核外有 8 个电子，其排列为第 1 层 s 亚层 2 个电子，第 2 层 s 亚层 2 个电子，p 亚层 4 个电子，可表示为 $1s^2 2s^2 2p^4$（此式称为电子排布式）。

3. 洪特规则

在同一亚层的各个轨道（等价轨道）上，电子的排布将尽可能分占不同的轨道，并且自旋方向相同。例如，C 原子核外有 6 个电子，其排列为第 1 层 s 亚层排列 2 个自旋方向相反的电子，第 2 层 s 亚层排列 2 个自旋方向相反的电子，p 亚层的 3 个轨道上任意两个轨道分别排列 1 个自旋方向相同的电子（图 1-3）。其电子排布式为 $1s^2 2s^2 2p^2 (2p_x{}^1 2p_y{}^1)$。

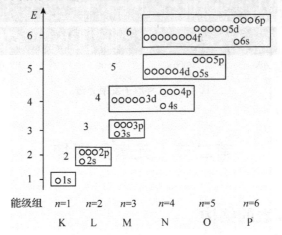

图 1-2 电子轨道的近似能级图

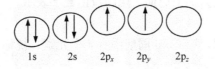

图 1-3 C 原子核外电子轨道排布

4. 洪特规则特例

等价轨道在全充满、半充满或全空的状态时是比较稳定的。

全充满：s^2，p^6，d^{10}，f^{14}；半充满：s^1，p^3，d^5，f^7；全空：s^0，p^0，d^0，f^0。

例如，24 号 Cr 元素的电子排布式为：$1s^2 2s^2 2p^6 3s^2 3p^6 \underline{3d^5 4s^1}$，不能写成 $1s^2 2s^2 2p^6 3s^2 3p^6 \underline{3d^4 4s^2}$。按能量最低原则及能级图，电子应先排满 4s，然后再排 3d，但按洪特规则特例排列电子时，能量是最低的。

在书写电子排布式时，尽管电子是按能量由低到高的顺序填充轨道，但仍要按电子层的顺序书写。如上述 Cr 元素的电子排布式书写时不能写成：$1s^2 2s^2 2p^6 3s^2 3p^6 4s^1 3d^5$。

电子排布式能清楚地表示出原子核外电子的运动状态，也能直观地反映出元素的化学性质，与元素周期表的结构紧密相连。

三、原子光谱

原子核外电子按特定规则在自己轨道上运动（称为基态），但电子一旦受到外界能量的作用而吸收能量，就会跃迁到能量更高的轨道上（称为激发态）。处于激发态的电子不稳定，又会返回到基态，返回时对外释放出能量。电子吸收和释放的能量都以光谱的形式反映，且不同原子形成的光谱都有其特定性（图 1-4）。原子光谱仪就是根据此原理来分析物质的元素成分。

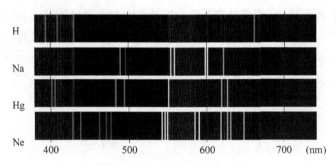

图 1-4　几种原子发射光谱

第二节　元素周期律

一、元素周期表的结构

（一）周期

元素周期表共分 7 行，为 7 个周期，用阿拉伯数字表示。

1. 短周期

第 1 周期中有 2 个元素，第 2，3 周期中有 8 个元素，统称为短周期。

2. 长周期

第 4，5 周期中有 18 个元素，第 6 周期中有 32 个元素，统称为长周期。

3. 不完全周期

第 7 周期中元素仍在进一步延伸，称为不完全周期。

(二)族

元素周期表中共有 18 个纵列，为 16 个族。

1. 主族(用 A 表示)

由长周期和短周期元素共同组成。第 1，2 列为第一、第二主族，表示为ⅠA、ⅡA；第 13～17 列为第三至第七主族，表示为ⅢA、ⅣA、ⅤA、ⅥA、ⅦA。

2. 副族(用 B 表示)

由长周期元素组成。第 3～7 列为第三至第七副族，表示为ⅢB、ⅣB、ⅤB、ⅥB、ⅦB；第 11，12 列为第一、第二副族，表示为ⅠB、ⅡB。

3. 0 族

周期表中的第 18 列元素，完全由稀有气体组成，称为 0 族。

4. 第Ⅷ族

周期表中的第 8、9、10 三列统称为第Ⅷ族。

主族元素原子除去最外层的电子，内各亚层都是电子充满状态，很稳定。所以只有最外层的电子能参加化学反应，称为价电子或价层电子。因此，它们的最高可能氧化数决定于最外层电子数，同时又与族号一致。在化学反应中，副族元素除最外层电子外，次外层 d 电子及外数第三层 f 电子也可部分或全部参加反应，所以氧化数由参加反应的这 3 种电子的数目决定。

(三)镧系和锕系

周期表中第 6 周期第 57～71 号元素，第 7 周期第 89～103 号元素，由于其结构和性质十分相似，为了周期表的紧凑，将其合并在一格中，而每一元素在表下另列出来，分别称为镧系和锕系。

(四)元素周期表的分区

根据核外电子填充的特点，周期元素形成若干特征电子形态，即形成若干个区域。

1. s 区

周期表中ⅠA、ⅡA，原子核外最后一个电子填充在 s 轨道上，其元素价电子(即参与化合价变化的电子)构型为 ns^1 或 ns^2。

2. p 区

周期表中ⅢA、ⅣA、ⅤA、ⅥA、ⅦA 及 0 族，原子核外最后一个电子填充在 p 轨道上，其元素价电子构型为 $ns^2np^{1\sim6}$。

3. d 区

周期表中所有副族和第Ⅷ族元素(除镧系和锕系元素)，原子核外最后一个电子填充在 d 轨道上，其元素价电子构型为 $(n-1)d^{1\sim9}ns^{1\sim2}$。钯(Pd)除外，Pd 为 $(n-1)d^{10}ns^0$。

4. f 区

镧系和锕系所有元素，原子核外最后一个电子填充在 f 轨道上，其元素价电子构型为 $(n-2)f^{1\sim14}(n-1)d^{0\sim2}ns^2$。钍(Th)除外，Th 为 $(n-2)f^0(n-1)d^2ns^2$。

二、原子核外电子排布与元素周期表的关系

(一)周期序数

周期序数等于该元素原子核外的电子层数。

(二)主族序数

价电子构型为 $ns^{1\sim2}$ 或 $ns^2np^{1\sim6}$ 的为主族或 0 族元素,其最外层电子数即为主族的序数(最外层电子数是 8 的为 0 族)。

(三)副族(第Ⅷ族)序数

价电子构型为 $(n-1)d^{1\sim10}ns^{1\sim2}$ 的为副族或第Ⅷ族元素,其最外层电子数与次外层 d 轨道电子数之和为 $3\sim7$ 的分别为ⅢB、ⅣB、ⅤB、ⅥB、ⅦB;之和为 $8\sim10$ 的为第Ⅷ族;之和为 11、12 的为ⅠB、ⅡB。

价电子构型为 $(n-2)f^{1\sim14}(n-1)d^{0\sim2}ns^2$ 的为副族的 f 区元素(镧系和锕系)。

三、元素性质的周期性递变规律

(一)主族元素

1. 同一周期

由左到右,电子层数相同,最外层电子数递增,原子半径递减,金属性逐渐减弱,非金属性逐渐增强。

2. 同一主族

由上到下,最外层电子数相同,电子层数递增,原子半径递增,金属性逐渐增强,非金属性逐渐减弱。

(二)过渡元素

最外层电子数多为 2 个(特例为 1 个),同周期自左而右原子半径减弱得比较缓慢,镧系和锕系则更加缓慢。化学反应中次外层 d 亚层或倒数第三层 f 亚层参与化合价的变化,化合价多变,失电子时最外层电子优先失去。总体表现为金属特性,递变规律不明显。

(三)原子的电负性

电负性是度量分子(或离子晶体)中原子(或离子)对成键电子吸引力的相对大小。

金属元素的电负性值较大。电负性是判断元素是金属或非金属以及了解元素化学性质的重要参数。电负性为 2 是金属和非金属的近似分界点。

在每一周期都是左边碱金属的电负性是最低,右边的卤素电负性最高,由左向右电负性逐渐增加,主族元素间的变化明显,副族元素之间的变化幅度小些。

主族元素的电负性值一般是从上向下递减,但也有个别元素的电负性值异常,其原因有待进一步研究。副族元素由上向下的规律性不强。此外,某元素的电负性不是一个固定不变的值,它与元素的氧化态有关,氧化态高电负性值大。

第三节　常见元素及其重要化合物

一、s区元素及其化合物

最后一个电子填在 s 轨道上，也就是周期表中第ⅠA、ⅡA族元素，其价层电子构型为 ns^1 和 ns^2，最外层有1～2个 s 电子，这些元素称为 s 区元素，其中第ⅠA族称为碱金属，包括锂、钠、钾、铷、铯、钫；第ⅡA族称为碱土金属，包括铍、镁、钙、锶、钡、镭。它们是周期系中最活泼的金属元素(氢除外)。正因为这样，在自然界中不存在游离态碱金属和碱土金属，它们多以离子型化合物存在。

(一)氢及氢化物

1. 氢

氢是周期表中第一个元素，也是结构最简单的元素。氢原子失去它的 1s 电子形成 H^+ 离子(即质子)，在水溶液中的氢离子总是以水合离子 H_3O^+ 的形式存在。

另一方面，氢可以得到一个电子，使 1s 轨道全充满，而形成负氢离子 H^-，例如氢原子和活泼金属化合时，得一个电子形成负氢离子 H^-，负氢离子 H^- 离子仅存在于晶体中。例如 NaH、LiH。

氢气同氧气或卤素的混合物经引燃或光照会猛烈反应，甚至发生爆炸。H_2 和 O_2 体积比为 2∶1 和含氢量为 6%～67% 的空气混合气体都是爆炸性混合物。

2. 氢化物

氢几乎能同除稀有气体以外的所有元素结合，氢和其他元素作用生成的二元化合物称为氢化物。氢化物按其结构和性质可分为3类。

(1)离子型(或盐型)氢化物。与碱金属或碱土金属形成的氢化物，它们是白色晶体，具有很高的反应活性，熔、沸点较高，例如 NaH、LiH，在熔融状态下能导电。

(2)金属型(或过渡型)氢化物。与过渡元素(如 Cu、Zn、Fe 等)形成的氢化物，它们在某些性质上与合金相似，有金属光泽，能导电。

(3)分子型(或共价型)氢化物。与非金属(稀有气体除外)形成的氢化物，例如 HCl、PH_3，它们的熔、沸点较低，通常条件下多为气体。

(二)碱金属、碱土金属及其化合物

碱金属和碱土金属原子的最外层电子构型为 ns^1 和 ns^2，与同周期其他元素相比，有较大的原子半径和离子半径，它们都容易失去电子，具有较强的还原性。

1. 单质的通性

在主族元素中由上而下，它们的原子半径和离子半径逐渐增大，核对外层电子的引力逐渐减弱，失去电子的倾向逐渐增大。所以，它们的金属活泼性由上而下逐渐增强。

碱金属和碱土金属的单质熔点低、硬度小、密度小，有银白色的金属光泽，属于轻金属，具有导电和传热性能。钾、钠、钙、锶、钡均可用刀切割。

碱金属和碱土金属的化学性质十分活泼，很容易与空气中的氧、氮、二氧化碳、水蒸气发生作用，使银白色光泽迅速变暗。钠与水反应猛烈，钾遇水发生燃烧甚至爆炸。因此，钠和钾需贮存在煤油中，并放于阴凉处。钙、锶、钡与水的反应相对缓和；镁对冷水稳定，但与热水可以反应生成氢氧化镁。

碱金属和碱土金属及其易挥发的化合物，在无色高温火焰中灼烧时，火焰会呈现不同的颜色，称为焰色反应，可用于元素的定性分析，对这些金属元素进行鉴别。

Li	Na	K	Ca	Mg	Sr	Ba
紫红	黄	紫	橙红	白色	洋红	绿

硝酸锶或硝酸钡与氯酸钾、硫按一定比例混合，可制成红色或绿色的信号弹。这些元素的硝酸盐或氯酸盐配以松香、火药等，又可做各色焰火及炸药。

钾、钠、钙、镁是人体必需的元素，钠和钾多分布于体液中，镁相对集中于肌肉中，钙是人体内第五种含量最多的元素，主要存在于骨骼和牙齿中。

2. 氧化物

碱金属和碱土金属依活泼性不同，与氧作用分别生成：正常氧化物、过氧化物、超氧化物。

(1)正常氧化物。碱金属中的锂(Li)和所有碱土金属(用 M 代表)在空气中燃烧时，生成正常氧化物Li_2O和MO。

例如：

$$Mg + O_2 \xrightarrow{\text{点燃}} MgO$$

其他碱金属的正常氧化物是用金属与它们的过氧化物或硝酸盐相作用而得到的。

例如：

$$Na_2O_2 + 2Na = 2Na_2O$$
$$2KNO_3 + 10K = 6K_2O + N_2 \uparrow$$

钠、钾的氧化物与水作用生成相应的氢氧化物。

$$Na_2O + H_2O = 2NaOH$$

(2)过氧化物。除铍和镁外，所有碱金属和碱土金属都能形成过氧化物，其中只有钠和钡的过氧化物是由金属在空气中燃烧直接得到的。

$$Na + O_2 \xrightarrow{\text{点燃}} Na_2O_2$$

过氧化钠是最常见的碱金属过氧化物，它与水或稀酸在室温下反应生成氢氧化钠或钠盐和过氧化氢(双氧水)，而过氧化氢立即分解放出氧气。

$$Na_2O_2 + 2H_2O = 2NaOH + H_2O_2$$
$$Na_2O_2 + H_2SO_4 = Na_2SO_4 + H_2O_2$$
$$2H_2O_2 = 2H_2O + O_2 \uparrow$$

过氧化钠在碱性介质中是一种强的氧化剂，在潮湿空气中能吸收二氧化碳并放出氧气。

$$2Na_2O_2 + 2CO_2 = 2Na_2CO_3 + O_2$$

因此，它可以用作高空飞行或潜水的供氧剂。

钙、锶、钡的氧化物与过氧化氢作用，得到相应的过氧化物。

$$MO + H_2O_2 + 7H_2O = MO_2 \cdot 8H_2O$$

(3)超氧化物。除了锂、铍、镁外，碱金属和碱土金属都能形成超氧化物。其中钾、铷、铯在空气中燃烧能直接生成超氧化物。

$$K+O_2 \xrightarrow{\text{点燃}} KO_2$$

超氧化物与水作用，生成相应的氢氧化物和过氧化氢、氧气。

$$2KO_2 + 2H_2O = 2KOH + O_2\uparrow + H_2O_2$$

因此，它们也是强氧化剂。

3. 氢氧化物

碱金属和碱土金属的氢氧化物都是白色固体，在空气中容易吸水潮解，所以固体氢氧化钠和氢氧化钙是常用的干燥剂。

(1)溶解性。碱金属的氢氧化物在水中都是易溶的，而碱土金属氢氧化物的溶解度则较小。随着金属离子半径的增大，碱土金属的氢氧化物的溶解度由铍到钡依次增大。其中 $Be(OH)_2$ 和 $Mg(OH)_2$ 是难溶的氢氧化物。

(2)酸碱性。碱金属、碱土金属的氧化物(除 BeO、MgO 外)与水都能发生剧烈反应，生成相应的碱。其碱性依次递增。

$$LiOH < NaOH < KOH < RbOH < CsOH$$
$$\text{中强碱} \quad \text{强碱} \quad \text{强碱} \quad \text{强碱} \quad \text{强碱}$$

(3)重要碱金属和碱土金属的氢氧化物。碱金属和碱土金属的氢氧化物中，NaOH 和 KOH 最为重要。它们极易吸水；对动物纤维和皮肤有强烈的腐蚀作用，称为苛性碱或烧碱。

碱金属氢氧化物的水溶液或熔融态既能溶解某些金属(铝、锌等)及其氧化物，也能溶解某些非金属(硼、硅、氯等)及其氧化物。

$$2Al + 2NaOH + 2H_2O = 2NaAlO_2 + 3H_2\uparrow$$
$$2B + 2NaOH + 2H_2O = 2NaBO_2 + 3H_2\uparrow$$
$$SiO_2 + 2NaOH = Na_2SiO_3 + H_2O$$
$$Cl_2 + 2NaOH = NaCl + NaClO + H_2O$$

NaOH 能腐蚀玻璃和陶瓷，因此，NaOH 溶液应装在橡皮或塑料塞子的玻璃瓶中，防止玻璃塞和瓶口黏结在一起。

4. 盐类

(1)碱金属盐。常见的碱金属盐有卤化物、硝酸盐、硫酸盐、碳酸盐、高锰酸盐和重铬酸盐等。碱金属离子本身无色，所以除了与有色阴离子形成的盐有颜色外，多数碱金属的盐是无色的。

碱金属盐类一般均易溶于水，并形成水合离子，只有高氯酸钾难溶。

钠盐的吸潮能力强于相应的钾盐。因此，不能用氯酸钠代替氯酸钾做炸药。

(2)碱土金属盐。常见的碱土金属盐有卤化物、硫酸盐、硝酸盐、碳酸盐、铬酸盐和草酸盐等，除铬酸盐为黄色外，其余均无色。

碱土金属的卤化物(除氟化物难溶外)、硝酸盐和醋酸盐等是易溶的；碱土金属的碳酸盐、磷酸盐和草酸盐等都是难溶的。

氯化钙可用作制冷剂和干燥剂。

氯化钡有毒，对人的致死剂量为 0.8g，使用时切忌入口。

硫酸钡无毒，医疗上常作钡餐，用于透视胃肠等器官。

$CaSO_4 \cdot 2H_2O$，俗称生石膏，当加热到 393～403K 时部分脱水生成熟石膏（$CaSO_4 \cdot H_2O$）。熟石膏与少量水结合逐渐硬化并膨胀又成生石膏，此性质用于铸造模型及雕像。

二、p 区元素及其化合物

最后一个电子填在 p 轨道上，也就是元素周期表中第ⅢA～ⅦA 族及 0 族元素，原子的最外层分别有 2 个 s 电子和 1～6 个 p 电子，这些元素称为 p 区元素。

(一)卤族元素及其化合物

周期表中第Ⅶ主族元素，包括氟、氯、溴、碘、砹 5 种元素，又称卤素。它们都是非金属元素，其中氟是所有元素中非金属性最强的，碘具有微弱的金属性，砹是放射性元素。

1. 单质

卤素原子的价层电子构型为 ns^2np^5，再得到一个电子便可达到稳定的 8 电子构型，它们的单质具有强的得电子能力，是强的氧化剂。氧化能力顺序为 $F_2 > Cl_2 > Br_2 > I_2$。

卤素单质都是双原子分子，在常温常压下氟和氯呈气态，溴呈液态，碘呈固态，熔沸点依次升高。氟是浅黄色气体，氯是黄绿色气体，溴是红棕色液体，碘是紫黑色固体。

F_2 与水反应，放出氧气；Cl_2、Br_2、I_2 与水发生歧化反应。

$$2F_2 + 2H_2O = 4HF + O_2$$
$$Cl_2 + H_2O = HCl + HClO$$
$$I_2 + H_2O = HI + HIO$$

I_2 难溶于水，易溶于 KI 溶液中。

$$I_2 + KI = KI_3$$

2. 卤化物

(1)卤化氢。氟化氢（HF）、氯化氢（HCl）、溴化氢（HBr）和碘化氢（HI），常温下它们都是无色具有刺激性气味的气体，液态时都不导电。

卤化氢易溶于水，其水溶液叫氢卤酸，其中以氢氯酸（即盐酸）为最重要。氢卤酸除氢氟酸因产生氢键为弱酸外，其他都是强酸，并依氢氟酸到氢碘酸顺序酸性增强。

氟化氢是由浓硫酸与氟化钙作用制得：

$$CaF_2 + H_2SO_4 = CaSO_4 + 2HF \uparrow$$

氟化氢和氢氟酸都能与 SiO_2 作用，生成挥发性的四氟化硅和水。

$$4HF + SiO_2 = SiF_4 \uparrow + 2H_2O$$

氢氟酸能腐蚀玻璃，因此，不能用玻璃瓶贮存氢氟酸，通常用塑料（聚四氟乙烯）容器盛装。

氯化氢是由氯和氢在加热或被强光照射时，反应生成：

$$H_2 + Cl_2 = 2HCl$$

溴化氢和碘化氢不能用浓硫酸与溴化物和碘化物作用而制得，这是由于 HBr 和 HI 有较显著的还原性，它们将与浓硫酸进一步氧化还原反应：

$$2HBr + H_2SO_4 \Longrightarrow Br_2 + SO_2 \uparrow + 2H_2O$$

$$8HI + H_2SO_4 \Longrightarrow 4I_2 \downarrow + H_2S \uparrow + 4H_2O$$

所以实际上不能得到纯的 HBr 和 HI。通常使用水分别与 PBr_3、PI_3 作用，PBr_3、PI_3 水解生成亚磷酸和相应的卤化氢：

$$PBr_3 + 3H_2O \Longrightarrow H_3PO_3 + 3HBr$$

$$PI_3 + 3H_2O \Longrightarrow H_3PO_3 + 3HI$$

碘离子和溴离子比氯离子容易失去电子，氢碘酸和氢溴酸比盐酸有较强的还原性。空气中的氧能氧化氢碘酸：

$$4H^+ + 4I^- + O_2 \Longrightarrow 2I_2 + 2H_2O$$

氢溴酸和氧的反应比较缓慢，而盐酸则在普通条件下不能为氧所氧化。

(2)金属卤化物。金属卤化物可以看做是氢卤酸的盐，具有一般盐类的特征。大多数卤化物易溶于水，常见的金属氯化物中 $AgCl$、Hg_2Cl_2 是难溶的，$PbCl_2$ 的溶解度也较小。溴化物和碘化物的溶解度和相应的氯化物相似，$AgCl$、$AgBr$、AgI 均难溶于水，溶解度依次降低。

氟化物的溶解度显得与其他卤化物有些不同。例如 CaF_2 难溶而其他卤化钙则易溶；AgF 易溶而其他卤化银则难溶等，这与离子间吸引力的大小和离子极化作用的强弱有关。

(3)类卤化物(拟卤素)。类卤化物是由类似于卤素的原子团形成的分子，也称拟卤素。常见拟卤素有：氰$(CN)_2$、硫氰$(SCN)_2$和氧氰$(OCN)_2$。

氰$(CN)_2$为无色气体，剧毒，有苦杏仁味。在溶液中用 Cu^{2+} 氧化 CN^- 可以生成 $(CN)_2$。

$$Cu^{2+} + 6CN^- \Longrightarrow 2[Cu(CN)_2]^- + (CN)_2$$

氰与水反应生成氢氰酸和氰酸(HOCN)。

$$(CN)_2 + H_2O \Longrightarrow HCN + HOCN$$

与卤素相似，氰与碱反应时生成氰化物和氰酸盐。

$$(CN)_2 + 2NaOH \Longrightarrow NaCN + NaOCN + H_2O$$

氰化氢(HCN)为无色液体，剧毒，能与水互溶，其水溶液是极弱的酸叫作氢氰酸。

氢氰酸的盐又叫作氰化物。常见的氰化物有 NaCN 和 KCN，白色固体，剧毒，易溶于水，并因水解而显强碱性。

氰化物的毒性作用是由于氰离子 CN^- 能迅速和细胞色素氧化酶结合，阻止体内氧化还原反应正常进行，造成细胞内窒息。

3. 卤素的含氧酸及其盐

卤素原子的氧化价数可呈+1、+3、+5、+7 价。

例如：

HClO	HClO$_2$	HClO$_3$	HClO$_4$
次氯酸	亚氯酸	氯酸	高氯酸
KIO	KIO$_2$	KIO$_3$	KIO$_4$
次碘酸	亚碘酸	碘酸	高碘酸

(1)次氯酸及其盐。次氯酸是很弱的酸，比碳酸还弱。次氯酸很不稳定，只能存在于稀溶液中而不能制得浓酸。即使在稀溶液中它也很容易分解，它在光的作用下分解得

更快。

$$2HClO \Longrightarrow O_2 + 2HCl$$

当加热时，次氯酸按另一方式分解（歧化），成为氯酸和盐酸：

$$3HClO \Longrightarrow HClO_3 + 2HCl$$

因此只有通氯气于冷水中才能获得次氯酸。

次氯酸是很强的氧化剂，具有漂白能力，本身被还原为 Cl^-。

把氯气通入冷的碱溶液中，生成次氯酸盐，反应如下：

$$Cl_2 + 2NaOH \Longrightarrow NaClO + NaCl + H_2O$$

次氯酸盐的溶液有氧化性和漂白作用。漂白粉就是氯气与消石灰作用而制得，其主要反应也是氯的歧化反应：

$$2Cl_2 + 2Ca(OH)_2 \Longrightarrow Ca(ClO)_2 + CaCl_2 + 2H_2O$$

$$Ca(ClO)_2 + H_2O \longrightarrow HClO + HCl + O_2$$

新生态氧具有很强的氧化能力，可杀死细菌，消毒漂白。

（2）氯酸及其盐。当氯气与热的苛性钾溶液作用时，生成氯酸钾和氯化钾：

$$3Cl_2 + 6KOH \Longrightarrow KClO_3 + 5KCl + 3H_2O$$

在有催化剂存在下加热 $KClO_3$，分解生成氯化钾和氧气：

$$2KClO_3 \xrightarrow[\triangle]{MnO_2} 2KCl + 3O_2 \uparrow$$

在没有催化剂存在时，小心加热 $KClO_3$，则生成高氯酸钾和氯化钾：

$$4KClO_3 \xrightarrow{\triangle} 3KClO_4 + KCl$$

固体 $KClO_3$ 是强氧化剂，与各种易燃物（如硫、磷、碳）混合后，经撞击会引起爆炸着火，因此，多用来制造炸药、火柴、信号弹、爆竹等。

（3）高氯酸及其盐。高氯酸（$HClO_4$）是一种很强的酸，热、浓酸溶液是强氧化剂，与易燃物相遇发生猛烈爆炸。但是，冷、稀酸溶液没有明显的氧化性。

（二）氧族元素及其化合物

周期系第ⅥA主族元素包括氧、硫、硒、碲、钋5种元素，又称为氧族元素。

1. 氧和氧化物

（1）氧。氧气是一种无色气体，在空气中的体积百分比约为 21%，自然界中的氧有3种同位素即 ^{16}O、^{17}O、^{18}O，其中 ^{16}O 的含量最高，占 99.76%。单质氧有两种同素异形体，即氧气 O_2 和臭氧 O_3。

氧分子在常温下化学活泼性较差。但能使一些还原性强的物质如 NO、$SnCl_2$、H_2SO_3 等氧化。在加热条件下，除卤素、少数贵金属（Au、Pt 等）以及稀有气体外，氧几乎与所有元素直接化合成相应的氧化物。

（2）氧化物。正常氧化物的氧化数 -2，根据酸碱性可分为：

碱性氧化物：与酸作用生成盐和水，如 CaO、MgO 等。

酸性氧化物：与碱作用生成盐和水，如 CO_2、SO_2、P_2O_5 等。

两性氧化物：既能与酸又能与碱作用生成盐和水，如 Al_2O_3、ZnO、Cr_2O_3 等。

中性氧化物：既不能与酸又不能与碱作用，如 CO、N_2O 等。

非正常氧化物：氧化数有 -1、$-1/2$、$-1/3$，例如 H_2O_2，KO_2，KO_3 等。

过氧化氢具有不稳定性，在低温、低浓度时尚稳定，受热、光照、高浓度及有少量重金属离子存在则加速分解，实验室中使用3‰稀溶液，棕色瓶盛装。

$$2H_2O_2 =\!=\!= 2H_2O + O_2\uparrow$$

常用作消毒剂、杀菌剂、漂白剂，优点是不引入杂质。

2. 硫及其化合物

(1)单质硫。硫有几种同素异形体。天然硫是黄色固体，叫作斜方硫，俗称硫黄，它的分子是由8个硫原子组成的环状结构。斜方硫不溶于水而溶于有机溶剂。

斜方硫加热到95.5℃以上时转变为单斜硫，分子式也是S_8环状结构。当温度低于95.5℃时单斜硫又渐渐转变为斜方硫。95.5℃是这两种同素异形体的转变温度。将加热到190℃的熔融硫倒入冷水中迅速冷却，可以得到玻璃状弹性硫。弹性硫不溶于任何溶剂，静置后缓慢的转变成稳定的晶状硫。

(2)硫化氢。硫化氢为无色而有臭鸡蛋气味的气体，有毒，水溶液称为氢硫酸。

硫化氢有较强的还原能力。硫化氢溶液在空气中放置，由于H_2S被氧化成游离的硫而使溶液浑浊。

$$2H_2S + O_2 =\!=\!= 2H_2O + 2S\downarrow$$

卤素也能氧化H_2S，生成游离的硫，例如：

$$H_2S + Br_2 =\!=\!= 2HBr + S\downarrow$$

氯气还能把H_2S氧化成H_2SO_4：

$$H_2S + 4Cl_2 + 4H_2O =\!=\!= H_2SO_4 + 8HCl$$

(3)硫的含氧化合物

SO_2：无色刺激性气体，有毒。SO_2溶于水生成不很稳定的亚硫酸H_2SO_3，是中强酸。

SO_3：在常温下是无色液体或白色固体，凝固点17℃，沸点45℃，SO_3具有很强的氧化性。当磷和它接触时就燃烧起来。SO_3极易与水化合成硫酸，同时放出大量的热。

硫酸：强酸性、强氧化性(浓溶液)、强吸水性、强脱水性。

铁溶于稀硫酸时放出氢气，但浓硫酸(70%以上)能使铁表面形成一层保护膜(钝化)，阻止硫酸与铁表面继续作用，因此，用钢罐装运浓硫酸。

焦硫酸：将SO_3溶解在100%的H_2SO_4中，得到发烟硫酸，冷却发烟硫酸时，可析出一种无色的晶体，叫作焦硫酸$H_2S_2O_7$，反应如下：

$$SO_3 + H_2SO_4 =\!=\!= H_2S_2O_7$$

焦硫酸是一种强氧化剂，工业上用于制造炸药和染料。

硫代硫酸钠($Na_2S_2O_3$)：俗名海波、大苏打。可用于照片的定影。

$$AgBr + 2Na_2S_2O_3 =\!=\!= Na_3[Ag(S_2O_3)_2] + NaBr$$

(三)氮族元素及其化合物

周期表中第ⅤA族，包括氮、磷、砷、锑、铋5种元素，又称氮族元素，是典型的由非金属元素过渡到金属元素的一族。

1. 氮及其化合物

(1)氧化物。氮的氧化物种类较多，常见的5种氧化物：

+1价：N_2O，无色气体，有毒，俗称"笑气"。

+2价：NO，易被空气中氧作用生成NO_2。

+3 价：N_2O_3，蓝色液体，不稳定，易歧化为 NO 和 NO_2。

+4 价：NO_2，红棕色气体，低温下聚合成 N_2O_4，溶于水生成 HNO_3 和 NO。

$$3NO_2 + H_2O =\!=\!= 2HNO_3 + NO$$

+5 价：N_2O_5，白色固体，强氧化剂，溶于水生成 HNO_3。

$$N_2O_5 + H_2O =\!=\!= 2HNO_3$$

(2)含氧酸及其盐。亚硝酸(HNO_2)：弱酸，极不稳定(浓度稍大或温度稍高即分解)，只能存在于很稀的溶液中，溶液浓缩或加热时，就分解为 NO 和 NO_2。

$$2HNO_2 =\!=\!= H_2O + N_2O_3 =\!=\!= H_2O + NO + NO_2$$

亚硝酸钠($NaNO_2$)：白色固体，稳定性高，具有一定氧化性，可作防腐剂。

$$2NaNO_2 + 2KI + 2H_2SO_4 =\!=\!= 2NO + I_2 + Na_2SO_4 + K_2SO_4 + 2H_2O$$

亚硝酸钠有较强的毒性，是一种血液毒，进入机体后迅速进入血液，氧化血红素中的低铁血红蛋白，使之转变为高铁血红蛋白而破坏红细胞的输氧功能，造成机体窒息，致死量为 0.5～2g。工业盐中常含有亚硝酸钠，不法商贩常因使用廉价的工业盐制作食品而造成人员中毒。对亚硝酸盐的定性检验可利用上述反应原理。

硝酸(HNO_3)：强酸，易挥发，具有强氧化性(浓、稀均具氧化性)。

$$3Cu + 8HNO_3(稀) =\!=\!= 3Cu(NO_3)_2 + 2NO\uparrow + 4H_2O$$

$$Cu + 4HNO_3(浓) =\!=\!= Cu(NO_3)_2 + 2NO_2\uparrow + 2H_2O$$

Fe、Al、Cr 等金属溶于稀 HNO_3，不溶于浓 HNO_3(生成氧化物保护膜)。

2. 磷及其化合物

(1)单质。单质磷有 4 种同素异形体：白磷、红磷、黑磷和紫磷。

白磷：白色蜡状固体，遇光会逐渐变为黄色晶体(所以又称黄磷)，有大蒜的气味，剧毒。分子是由 4 个磷原子构成的正四面体，分子式 P_4，不溶于水，难溶于乙醇，易溶于乙醚、苯、二硫化碳等。着火点为 40℃，能自燃，在空气中发光(所谓"鬼火"，其实是尸体分解放出磷化氢 PH_3，而 PH_3 中含有 P_2H_4，P_2H_4 遇氧气易自燃，就会引燃 PH_3，当空气流动时，燃烧的 PH_3 会随着气流移动，产生"鬼火"，而非白磷自燃所产生)。

红磷：分子是由多个磷原子构成，分子式 P，不溶于水，略溶于无水乙醇，不溶于二硫化碳和有机溶剂。

(2)化合物。三氧化二磷(P_2O_3)，亚磷酸酐，白色晶体，有蒜臭味，有毒。在气态或液态时是二聚分子 P_4O_6。在冷水中缓慢溶解形成亚磷酸，在热水中则反应剧烈歧化形成磷酸和膦或单质磷。

$$P_4O_6 + 6H_2O(冷) =\!=\!= 4H_3PO_3$$

$$P_4O_6 + 6H_2O(热) =\!=\!= 3H_3PO_4 + PH_3$$

$$5P_4O_6 + 18H_2O(热) =\!=\!= 12H_3PO_4 + 8P$$

五氧化二磷(P_2O_5)，磷酸酐，白色无定形粉末或六方晶体，极易吸湿，溶于水产生大量热并生成磷酸。五氧化二磷是化学工业中常见的原料和试剂，本品广泛用于医药，涂料助剂，印染助剂，抗静电剂，钛酸酯偶联剂，化工等行业，主要用于制造高纯度磷酸，用作气体和液体干燥剂，有机合成的脱水剂，以及有机磷酸酯的制备。

$$P_2O_5 + 3H_2O =\!=\!= 2H_3PO_4$$

磷化氢(PH_3)，简称膦，无色气体，剧毒，蒜臭味。吸入磷化氢会对心脏、呼吸系统、肾、肠胃、神经系统和肝脏造成影响。

磷化锌(Zn_3P_2)是一种农药(杀虫剂、杀鼠剂),与酸作用生成磷化氢,这就是人、畜服磷化锌后中毒的原因。

$$Zn_3P_2 + 6HCl = 3ZnCl_2 + 2PH_3$$

急性磷化氢中毒起病较快,数分钟即可出现严重中毒症状,但个别病人潜伏期可达48h。急性磷化氢中毒主要表现头晕、头痛、乏力、恶心、呕吐、食欲减退、咳嗽、胸闷,并有咽干、腹痛及腹泻等。

3. 砷及其化合物

砷是一种很强的还原剂,在空气中容易自燃。

$$2AsH_3 + 3O_2 = As_2O_3 + 3H_2O$$

三氧化二砷(As_2O_3),是以酸性为主的两性氧化物,无臭无味,外观为白色霜状粉末,故称砒霜,微溶于水,剧毒。口服中毒出现恶心、呕吐、腹痛,大便有时混有血液,四肢痛性痉挛,少尿,昏迷,抽搐,会因呼吸麻痹而死亡。三氧化二砷(As_2O_3)被强还原剂(如金属锌)还原可得到砷化氢。

在食物搭配不恰当的时候,会造成三氧化二砷(As_2O_3)中毒。例如人们在享受美味的海、河鲜等产品如小龙虾、螃蟹等时(据研究上述食品富含目前天然界最强的抗氧化剂即虾青素 Astaxanthin, 简称 ASTA),同时大量食用了富含维生素 C 的食物和饮料如青椒、西红柿、橘子、橙子及西红柿汁、橘子汁、橙子汁等。维生素 C 就会还原含在小龙虾、螃蟹等体内的五氧化二砷成为三氧化二砷,经常如此食用搭配会造成慢性三氧化二砷中毒。因此,无论是中医,还是现代的健康饮食,都一直强调食用海、河鲜时禁食维生素 C 及富含维生素 C 的食物和饮料。

砷化氢(AsH_3),简称胂,是无色稍有大蒜味气体。水中溶解度 20mL/100g;微溶于乙醇、碱性溶液;溶于氯仿、苯。遇明火易燃烧,燃烧呈蓝色火焰并生成三氧化二砷。加热至 300℃可分解为元素砷。砷化氢在工业上无直接用途,是某些工业生产过程中产生的废气。含砷的矿石冶炼、加工、储存过程中与硫酸、盐酸反应可产生砷化氢,某些金属矿渣遇水也均可产生砷化氢。砷化氢可引起强烈溶血,属剧毒。

(四)碳族元素及其化合物

周期表中第ⅣA族元素,包括碳、硅、锗、锡、铅。

1. 碳及其化合物

(1)单质。石墨与金刚石、碳 60、碳纳米管、石墨烯等都是碳元素的单质,它们互为同素异形体。

金刚石:原子晶体,硬度 10,熔点 3570℃,透明晶体。金刚石是碳在高温高压条件下的结晶体,是自然界最硬的矿物。

石墨:混合键型晶体,硬度小,熔点 3520℃,灰黑色晶体,导热,导电。

无定形碳:石墨的微晶(木炭,焦炭,活性炭)。

(2)碳的氧化物

一氧化碳(CO):无色、无臭、无味、难溶于水的气体,较强的还原性,与空气混合物爆炸限 12%～75%。

一氧化碳（CO）中毒：CO 进入人体之后会和血液中的血红蛋白结合，由于 CO 与血红蛋白结合能力远强于氧气与血红蛋白的结合能力，进而使能与氧气结合的血红蛋白数量急剧减少，从而引起机体组织出现缺氧，导致人体窒息死亡。因此，CO 具有毒性。CO 是无色、无味的气体，故易于忽略而致中毒。常见于家庭居室通风差的情况下，煤炉产生的煤气或液化气管道漏气或工业生产煤气以及矿井中的 CO 吸入而致中毒。

CO 中毒症状表现在以下几个方面：

一是轻度中毒。患者可出现头痛、头晕、失眠、视物模糊、耳鸣、恶心、呕吐、全身乏力、心动过速、短暂昏厥。血中碳氧血红蛋白含量达 $10\% \sim 20\%$。

二是中度中毒。除上述症状加重外，口唇、指甲、皮肤黏膜出现樱桃红色，多汗，血压先升高后降低，心率加速，心律失常，烦躁，一时性感觉和运动分离（即尚有思维，但不能行动）。症状继续加重，可出现嗜睡、昏迷。血中碳氧血红蛋白约在 $30\% \sim 40\%$。经及时抢救，可较快清醒，一般无并发症和后遗症。

三是重度中毒。患者迅速进入昏迷状态。初期四肢肌张力增加，或有阵发性强直性痉挛；晚期肌张力显著降低，患者面色苍白或青紫，血压下降，瞳孔散大，最后因呼吸麻痹而死亡。经抢救存活者可有严重合并症及后遗症。

二氧化碳（CO_2）：常温下是一种无色无味气体，密度比空气略大，能溶于水，并生成碳酸（碳酸饮料基本原理）。固态二氧化碳俗称干冰，升华时可吸收大量热，因而用作制冷剂，如人工降雨，也常在舞台中用于制造烟雾。

2. 硅及其化合物

（1）单质。硅在地壳中丰度排第二位（仅次于氧），占地壳总量的 25%。结晶型的硅是暗黑蓝色的，很脆，是典型的半导体。硅的化学性质不活泼，与水、空气、酸均不反应，但可溶于强碱。

$$Si + 2NaOH + H_2O =\!=\!= Na_2SiO_3 + 2H_2 \uparrow$$

（2）化合物

二氧化硅（SiO_2）：又称硅石，自然界中存在有结晶二氧化硅和无定形二氧化硅两种。

结晶二氧化硅因晶体结构不同，分为石英、鳞石英和方石英 3 种。纯石英为无色晶体，大而透明棱柱状的石英叫水晶。若含有微量杂质的水晶带有不同颜色，有紫水晶、茶晶、墨晶等。普通的砂是细小的石英晶体，有黄砂（较多的铁杂质）和白砂（杂质少、较纯净）。石英加热至 1600℃熔化后再冷却，变为石英玻璃。石英玻璃耐温度剧变，不炸裂，不吸收紫外线。能溶于浓热的强碱溶液（盛碱的试剂瓶不能用玻璃塞而用橡胶塞的原因）。

$$SiO_2 + 2NaOH =\!=\!= Na_2SiO_3 + H_2O$$

自然界存在的硅藻土是无定形二氧化硅，是低等水生植物硅藻的遗体，为白色固体或粉末状，多孔、质轻、松软的固体，吸附性强。

硅酸（H_2SiO_3）：为玻璃状无色透明的不规则颗粒，难溶于水，水中呈胶体溶液，脱水干燥得白色固体（硅胶），吸湿性强，可作干燥剂。

（五）硼族元素及其化合物

周期表中第ⅢA族元素，包括硼、铝、镓、铟、铊。

1. 硼及其化合物

单质硼有两种同素异形体：晶体硼（原子晶体，熔点高、硬度大）、无定形硼。

单质硼的化学性质：比硅稍活泼，常温下不与水、稀酸反应，可与浓氧化性酸和浓碱反应。

$$2B + 3H_2SO_4(浓)\!=\!=\!=\!2H_3BO_3 + 3SO_2\uparrow$$

$$2B + 2NaOH(浓) + 2H_2O\!=\!=\!=\!2NaBO_2 + 3H_2\uparrow$$

硼酸：H_3BO_3 或 $B(OH)_3$，一元弱酸。

$$B(OH)_3 + H_2O\!=\!=\!=\!B(OH)_4^- + H^+$$

硼砂：也称四硼酸钠，$Na_2B_4O_7 \cdot 10H_2O$，无色晶体，加热至 878℃ 熔化后形成硼砂珠，可溶解各种金属氧化物，呈现不同颜色。

2. 铝及其化合物

(1)单质。单质铝为银白色金属，轻金属，地壳中元素丰度排第三位，是地壳中含量最丰富的金属元素，化学性质活泼，还原性强，具两性。

$$2Al + Fe_2O_3\!=\!=\!=\!Al_2O_3 + 2Fe$$

$$2Al + 3H_2SO_4(稀)\!=\!=\!=\!Al_2(SO_4)_3 + 3H_2\uparrow$$

Al 遇浓 H_2SO_4 产生钝化现象而阻止其进一步反应。

金属铝和 NaOH 溶液反应生成的化合物曾被认为是 $NaAlO_2$，但科学研究证明该产物实际上是 $Na[Al(OH)_4]$，四羟基合铝酸钠，属于配位化合物。

$$2Al + 2NaOH + 6H_2O\!=\!=\!=\!2Na[Al(OH)_4] + 3H_2\uparrow$$

为方便，有时仍写成如下反应：

$$2Al + 2NaOH + 2H_2O\!=\!=\!=\!2NaAlO_2 + 3H_2\uparrow$$

(2)化合物

氧化铝（Al_2O_3）：为一种白色无定形粉末，不溶于水，也不与水反应。它有多种变体，其中最为人们所熟悉的是 α-Al_2O_3 和 β-Al_2O_3。自然界存在的刚玉即属于 α-Al_2O_3，它的硬度仅次于金刚石，熔点高、耐酸碱，常用来制作一些轴承，制造磨料、耐火材料。如刚玉坩埚，可耐 1800℃ 的高温。Al_2O_3 由于含有不同的杂质而有多种颜色。例如含微量 Cr^{3+} 的呈红色，称为红宝石；含有 Fe^{2+}、Fe^{3+} 或 Ti^{4+} 的称为蓝宝石。β-Al_2O_3 是一种多孔的物质，每克内表面积可高达数百平方米，有很高的活性，又名活性氧化铝，能吸附水蒸气等许多气体、液体分子，常用作吸附剂、催化剂载体和干燥剂等，工业上冶炼铝也以此作为原料。

氢氧化铝［$Al(OH)_3$］：是不溶于水的白色胶状物质。由于又显一定的酸性，所以又可称为铝酸（H_3AlO_3），可用来制备铝盐、吸附剂、媒染剂和离子交换剂，也可用作瓷釉、耐火材料、防火布等原料，其凝胶在医药上用作酸药，有中和胃酸和治疗溃疡的作用，用于治疗胃和十二指肠溃疡病以及胃酸过多症。

氧化铝和氢氧化铝都是典型的两性化合物。

$$Al_2O_3 + 6HCl\!=\!=\!=\!2AlCl_3 + 3H_2O$$

$$Al_2O_3 + 2NaOH\!=\!=\!=\!2NaAlO_2 + H_2O$$

$$Al(OH)_3 + NaOH\!=\!=\!=\!NaAlO_2 + 2H_2O$$

$$Al(OH)_3 + 3HCl\!=\!=\!=\!AlCl_3 + 3H_2O$$

偏铝酸钠（$NaAlO_2$）：白色、无臭、无味，呈强碱性的固体，高温熔融产物为白色粉末，溶于水，不溶于乙醇，在空气中易吸收水分和二氧化碳。用作纺织品的媒染剂、纸的填料、水的净化剂等。可用氧化铝与固态氢氧化钠或碳酸钠共熔制得。

$$2NaAlO_2 + CO_2（少量）+ 3H_2O \Longrightarrow 2Al(OH)_3\downarrow + Na_2CO_3$$

硫酸钾铝[$KAl(SO_4)_2$]：由两种不同的金属离子和一种酸根离子组成的盐，叫作复盐。$KAl(SO_4)_2 \cdot 12H_2O$，俗名明矾，是无色晶体，易溶于水，并水解生成氢氧化铝胶体，有较强的吸附能力，起到净水作用。

$$Al^{3+} + 3H_2O \Longrightarrow Al(OH)_3（胶体）+ 3H^+$$

磷化铝（AlP）：用赤磷和铝粉烧制而成。因杀虫效率高、经济方便而广泛用于农业谷仓杀虫的熏蒸剂。用作粮仓熏蒸的磷化铝含量为 56.0%～58.5%。磷化铝毒性主要为遇水、酸时则迅速分解，放出吸收很快、毒性剧烈的磷化氢气体（与磷化锌性质相似）。

三、过渡元素及其化合物

d 区和 f 区的元素，包括第ⅢB～ⅦB族、第Ⅷ族、镧系、锕系、第ⅠB族、第ⅡB族，共同称为过渡元素。其原子结构的共同特点是：最外层都只有 1 个或 2 个电子，次外层的 d 轨道或倒数第三层的 f 轨道都只部分填充电子，它们共同参与化合价的变化，表现为多变的化合价。

(一)铜(Cu)、银(Ag)、金(Au)及其化合物

1. 单质

(1)物理性质。熔点低(1000℃左右)，硬度小(2.5～3.0)，延展性好，导电导热性好。在所有的金属中 Ag 的传热导电性最好，Cu 次之。Cu、Ag 和 Au 有颜色，纯铜为紫红色，银为白色，金为黄色。

Cu 和其他金属能形成多种合金，如黄铜(含锌 5%～45%)、青铜(含锡 5%～10%)、白铜(含镍 13%～25%、锌 13%～25%)等。

(2)化学性质。Cu、Ag、Au 的化学活泼性较差，且按 Cu、Ag、Au 的顺序递减。Au 和 Ag 在空气中稳定，因此，用来做首饰。Cu 在干燥空气中比较稳定，Cu 在潮湿空气中，表面会逐渐蒙上绿色的铜锈[铜绿，即碱式碳酸铜 $Cu_2(OH)_2CO_3$]。

$$2Cu + O_2 + CO_2 + H_2O \Longrightarrow Cu_2(OH)_2CO_3（绿）$$

Cu、Ag、Au 不溶于稀酸，Cu、Ag 能溶于 HNO_3 中，也能溶于热的浓 H_2SO_4 中，Au 只能溶于王水中。

$$3Cu + 8HNO_3（稀）\Longrightarrow 3Cu(NO_3)_2 + 2NO\uparrow + 4H_2O$$
$$2Ag + 2H_2SO_4（浓）\Longrightarrow Ag_2SO_4 + SO_2\uparrow + 2H_2O$$
$$Au + HNO_3 + 4HCl \Longrightarrow H[AuCl_4] + NO\uparrow + 2H_2O$$

2. 化合物

(1)铜的化合物。铜可以形成氧化态为 +1 和 +2 的化合物。一般来说，在固态时，Cu(Ⅰ)的化合物比 Cu(Ⅱ)的化合物的热稳定性高。例如 Cu_2O 受热到 1800℃时分解，而 CuO 在 1100℃时分解为 Cu_2O 和 O_2。在水溶液中 Cu(Ⅰ)容易被氧化为 Cu(Ⅱ)，水溶液中 Cu(Ⅱ)的化合物是稳定的。几乎所有 Cu(Ⅰ)的化合物都难溶于水。

例如：+1 价：CuCl、Cu_2O，固体时稳定；

+2 价：$CuCl_2$、CuO、$CuSO_4$、$Cu(OH)_2$，溶液中稳定。

$CuSO_4$：无水的为白色固体，带结晶水的为蓝色固体，俗称蓝矾、胆矾或铜矾，水溶液为蓝色，有毒，可作杀菌剂。

在近中性溶液中，Cu^{2+} 与 $[Fe(CN)_6]^{4-}$ 反应，生成棕色沉淀 $Cu_2[Fe(CN)_6]$：

$$2Cu^{2+} + [Fe(CN)_6]^{4-} =\!\!= Cu_2[Fe(CN)_6]\downarrow$$

这一反应常用来鉴定微量 Cu^{2+} 的存在。

(2)银的化合物。银的重要化合物有卤化银和硝酸银。银的卤化物的溶解度按 F→Cl→Br→I 的顺序减少，颜色加深（AgF 白色、AgCl 白色、AgBr 淡黄色、AgI 黄色）。

卤化银具有感光性，但常用的是 AgBr。AgBr 不稳定，见光分解，形成极细小的银晶核。将感光的底片用对苯二酚等有机还原剂处理，含有银晶核的 AgBr 被还原为金属，变为黑色，这个过程叫作显影。显影后的底片再浸入 $Na_2S_2O_3$ 溶液中，使未感光的 AgBr 形成 $[Ag(S_2O_3)_2]^{3-}$ 配离子而溶解，剩下的金属银不再变化，这个过程叫定影。

硝酸银：可溶于水，不稳定（见光分解），具有氧化性。

在 Ag^+ 溶液中，加入氨水，首先生成难溶于水的 Ag_2O 沉淀：

$$2Ag^+ + 2NH_3 + H_2O =\!\!= Ag_2O\downarrow + 2NH_4^+$$

溶液中氨水浓度增加时，则 Ag_2O 溶解并生成 $[Ag(NH_3)_2]^+$：

$$Ag_2O + 4NH_3 + H_2O =\!\!= 2[Ag(NH_3)_2]^+ + 2OH^-$$

含有 $[Ag(NH_3)_2]^+$ 的溶液，能把醛类和某些糖类氧化，本身被还原为 Ag 单质沉淀，此即银镜反应。如：

$$2[Ag(NH_3)_2]^+ + CH_3CHO^- + 3OH^- =\!\!= CH_3COO^- + 2Ag\downarrow + 4NH_3 + 2H_2O$$

(二)锌(Zn)、镉(Cd)、汞(Hg)及其化合物

Zn、Cd、Hg 是元素周期系第ⅡB族元素，通常称它们为锌族元素。

1. 单质

(1)物理性质

Zn 和 Cd 是银白色固体，Hg 是银白色液体，俗称水银。

Hg 的膨胀系数均匀，不润湿玻璃，常制作温度计；Hg 蒸气有毒，液体 Hg 洒落时用硫磺粉覆盖，使汞转化为无毒的 HgS。

(2)化学性质。金属性从 Zn 至 Hg，依次降低。Zn 的化学性质活泼，在常温下的空气中，表面生成一层薄而致密的碱式碳酸锌膜，可阻止进一步氧化；Zn、Cd 在稀酸中置换出 H_2；Hg 在稀酸中稳定，但溶于浓 HNO_3 和浓 H_2SO_4；Zn 与 Al 类似，具有两性。

2. 化合物

Zn 和 Cd 在化合物中，通常氧化态为 +2；Hg 除了形成氧化态为 +2 的化合物外，还有氧化态为 +1 的化合物。

ZnO 和 $Zn(OH)_2$：都是白色固体，都具有两性特征。

$$ZnO + 2HCl =\!\!= ZnCl_2 + H_2O$$
$$ZnO + 2NaOH + H_2O =\!\!= Na_2[Zn(OH)_4]$$
$$Zn(OH)_2 + 2H^+ =\!\!= Zn^{2+} + 2H_2O$$
$$Zn(OH)_2 + 2OH^- =\!\!= [Zn(OH)_4]^{2-}$$

向 Zn^{2+} 和 Cd^{2+} 的溶液中加入强碱时，分别生成白色的 $Zn(OH)_2$ 和 $Cd(OH)_2$ 沉淀，

当碱过量时，$Zn(OH)_2$ 溶解生成 $[Zn(OH)_4]^{2-}$，而 $Cd(OH)_2$ 则难溶解。

ZnS 和 CdS：在 Zn^{2+}、Cd^{2+} 的溶液中，分别通入 H_2S 时，

$$Zn^{2+} + H_2S \longrightarrow ZnS\downarrow(白色) + 2H^+$$

$$Cd^{2+} + H_2S \longrightarrow CdS\downarrow(黄色) + 2H^+$$

ZnS：白色颜料，不溶于水，溶于稀酸，在 $ZnSO_4$ 的溶液中加入 BaS 时，生成 ZnS 和 $BaSO_4$ 的混合沉淀物，此沉淀叫锌钡白，是一种较好的白色颜料，没有毒性，在空气中比较稳定。

CdS：黄色颜料，溶于浓 HCl。

HgS：俗名"朱砂"，红色颜料，不溶于稀酸，溶于王水。

$ZnCl_2$：水中溶解度最大的盐，水溶液有显著的酸性，能溶解金属氧化物，用作焊药。

$HgCl_2$：白色固体，微溶于水，剧毒，易升华，俗称升汞。

Hg_2Cl_2：白色固体，微溶于水，无毒，见光易分解，俗称甘汞。

(三)铁(Fe)、钴(Co)、镍(Ni)及其化合物

Fe、Co、Ni 属于元素周期系中第Ⅷ族元素。Fe、Co、Ni 的性质很相似，称为铁系元素，它们是有光泽的银白色金属，都有强的磁性。Co 和 Ni 以 +2 价氧化态稳定，而 Fe 以 +3 价氧化态稳定，其次是 +2 价。

1. 单质

Fe、Co、Ni 性质相近，中等活泼金属，金属性依次减弱，空气中一般稳定，潮湿下 Fe 可生锈。

$$4Fe + 3O_2 + nH_2O \longrightarrow 2Fe_2O_3 \cdot nH_2O$$

Fe、Co、Ni 均能从稀酸中置换出 H_2，Co、Ni 主要用于制造合金。

2. Fe、Co 的化合物

氧化铁 (Fe_2O_3)：红棕色，不溶于水，能溶于酸，有磁性。

氧化亚铁 (FeO)：黑色，不溶于水，能溶于酸。

四氧化三铁 (Fe_3O_4)：黑色，是 Fe(Ⅱ) 和 Fe(Ⅲ) 的混合型氧化物，具有磁性，能被磁铁吸引。

$FeSO_4 \cdot 7H_2O$：俗称绿矾，中药上又称皂矾，浅绿色固体，易溶于水，水溶液呈酸性。硫酸亚铁在农林上用作杀菌剂和调节土壤的 pH 值，也用于制造墨水和颜料，织物染色时常用作媒染剂。

Fe 的氢氧化物：$Fe(OH)_3$ 为红棕色，纯的 $Fe(OH)_2$ 为白色。在通常条件下，由于从溶液中析出的 $Fe(OH)_2$ 迅速被空气氧化，往往看到的先是部分被氧化的灰绿色沉淀，随后变为棕褐色，这是 $Fe(OH)_2$ 逐步被氧化为 $Fe(OH)_3$ 的变化。只有在完全清除掉溶液中的氧时，才有可能得到白色的 $Fe(OH)_2$。

$FeCl_3$：易溶于水，且易水解而生成 $Fe(OH)_3$ 沉淀。

在酸性溶液中，Fe^{3+} 是中强的氧化剂，它能把 I^-、H_2S、Fe、Cu 等氧化：

$$2Fe^{3+} + 2I^- \longrightarrow 2Fe^{2+} + I_2\downarrow$$

$$2Fe^{3+} + H_2S \longrightarrow 2Fe^{2+} + S\downarrow + 2H^+$$

$$2Fe^{3+} + Fe \longrightarrow 3Fe^{2+}$$

$$2Fe^{3+} + Cu =\!=\!= 2Fe^{2+} + Cu^{2+}$$

工业上常用 $FeCl_3$ 的溶液，在铁制品上刻蚀字样，或在铜板上制造印刷电路，就是利用了 Fe^{3+} 的氧化性。

$CoCl_2$：氯化钴，极易吸水，并可形成带有不同数目结晶水的固体，呈现不同的颜色，带结晶水的数目取决于温度和湿度，据此可制作用于指示干燥剂的吸水情况的变色硅胶或变色水泥。

$CoCl_2$	$CoCl_2 \cdot H_2O$	$CoCl_2 \cdot 2H_2O$	$CoCl_2 \cdot 6H_2O$
蓝色	蓝紫色	紫红色	粉红色

3. Fe 的配合物

①亚铁氰化钾　$K_4[Fe(CN)_6] \cdot 3H_2O$，黄色晶体，俗称黄血盐，主要用于制造油漆、油墨、色素、制药、金属热处理、食盐防结块剂，食品添加剂以及钢铁工业和鞣革等。

②铁氰化钾　$K_3[Fe(CN)_6]$，红色晶体，俗称赤血盐，是一种强氧化剂，有毒。与酸反应生成极毒气体 HCN，高温分解成极毒的氰化物。

分别向含有 Fe^{3+} 和 Fe^{2+} 离子的溶液中加入少量的 $[Fe(CN)_6]^{4-}$ 和 $[Fe(CN)_6]^{3-}$ 溶液，都生成难溶的蓝色沉淀：

$$3Fe^{2+} + 2[Fe(CN)_6]^{3-} =\!=\!= Fe_3[Fe(CN)_6]_2 \downarrow （滕氏蓝）$$
$$4Fe^{3+} + 3[Fe(CN)_6]^{4-} =\!=\!= Fe_4[Fe(CN)_6]_3 \downarrow （普鲁士蓝）$$

这两个反应，常分别用来鉴定 Fe^{3+} 和 Fe^{2+}。

常用生成普鲁士蓝的反应来检验 CN^-：

$$FeSO_4 + NaCN \longrightarrow Na_4[Fe(CN)_6] + Na_2SO_4$$
$$Na_4[Fe(CN)_6] + FeCl_3 \longrightarrow Fe_4[Fe(CN)_6]_3 \downarrow + NaCl$$

③硫氰化铁　$Fe(SCN)_3$，红色配合物，溶液中实际存在形式是一个铁离子和六个硫氰根形成的配离子，写作 $[Fe(SCN)_6]^{3-}$（配位数为 $1\sim6$ 的均显血红色）。常用 KSCN 溶液检验 Fe^{3+} 的存在，十分灵敏：

$$Fe^{3+} + 6SCN^- =\!=\!= [Fe(SCN)_6]^{3-}$$

(四)铬(Cr)、锰(Mn)的化合物

1. 重铬酸钾（$K_2Cr_2O_7$）

俗名红矾，橙红色晶体，剧毒，易溶于水，水溶液呈橙红色，有强氧化性，氧化作用一般在酸性溶液中进行。如测定土壤有机质的反应：

$$2K_2Cr_2O_7 + 3C + 8H_2SO_4 =\!=\!= 2Cr_2(SO_4)_3 + 3CO_2 \uparrow + 2K_2SO_4 + 8H_2O$$

此时 Cr 元素由 +6 价变成 +3 价，溶液的颜色从橙红色变到绿色。

实验室中常用重铬酸钾配制洗液，用于洗涤玻璃器皿。配制方法：20g 的 $K_2Cr_2O_7$ 溶于 40mL 水中，将浓 H_2SO_4 360mL 缓缓加入 $K_2Cr_2O_7$ 溶液中（千万不能将水或溶液加入 H_2SO_4 中），边倒边用玻璃棒搅拌，并注意不要溅出，混合均匀，冷却后装入洗液瓶备用。新配制的洗液为红褐色，氧化能力很强，当洗液用久后变为黑绿色（可加入固体高锰酸钾使其再生），即说明洗液无氧化洗涤力。

2. 高锰酸钾（$KMnO_4$）

俗称灰锰氧，是暗紫色有光泽的晶体，能溶于水，浓度大的溶液呈暗紫色，较稀的呈紫红色。不稳定，加热或见光易分解，故应保存在棕色瓶中。

$$2KMnO_4 =\!\!= K_2MnO_4 + MnO_2 + O_2\uparrow$$

$$4KMnO_4 + 2H_2O =\!\!= 4MnO_2\downarrow + 4KOH + 3O_2\uparrow$$

高锰酸钾在酸性条件下氧化能力较强，+7 价的锰被还原为+2 价；而在中性或碱性条件下氧化能力稍弱，锰被还原为+4 价。

$$2KMnO_4 + 5K_2SO_3 + 3H_2SO_4 =\!\!= 2MnSO_4 + 6K_2SO_4 + 3H_2O$$

$$2KMnO_4 + 3K_2SO_3 + H_2O =\!\!= 2MnO_2\downarrow + 3K_2SO_4 + 2KOH$$

第四节　分子结构

一、化学键

通常人们接触到的物质，除了稀有气体是以单原子形式存在以外，一般都是以分子形式或晶体形式出现的。分子是保持物质化学性质的最小微粒，而分子是由原子构成的。原子既然可以结合成分子，原子之间必然存在着相互作用，这种相互作用不仅存在于直接相邻的原子之间，也存在于分子内的非直接相邻的原子之间。前一种相互作用比较强烈，是使原子结合成分子的主要因素，破坏它需要消耗较大的能量。这种相邻的两个或多个原子之间强烈的相互作用，就叫作化学键。

化学键的主要类型有离子键、共价键、金属键。

(一)离子键

1. 离子键的形成

当电负性(表示原子吸引电子能力的物理量)很小的原子(如第ⅠA 族的原子)与电负性很大的原子(如第ⅦA 族的原子)相遇时，前者易失去电子形成正离子，后者易得到电子形成负离子，正、负离子之间由于静电引力而进一步靠近。靠近到一定程度后，两个离子的外层电子云之间又相互排斥。当达到引力和斥力相等的平衡距离时，体系的能量降到最低值，从而形成化学键。这种靠正、负离子之间的静电引力所形成的化学键，叫作离子键。由离子键形成的化合物叫作离子型化合物。离子化合物通常是以晶体的形式存在，称为离子晶体。例如，$NaCl$ 分子的形成可简单表示如下：

$$n Na(3s^1) \xrightarrow[nNa]{-ne} (2s^2 2p^6)$$

$$n Cl(3s^2 3p^5) \xrightarrow[nCl]{+ne} (3s^2 3p^6)$$

$$\searrow \nearrow \quad n NaCl$$

2. 离子键的特点

由于离子的电场是球形对称分布的，一个离子可以从任意方向吸引带相反电荷的离子，因此，离子键既无方向性也无饱和性。

一般金属与非金属元素之间都是以离子键形成化合物。

(二)共价键

1. 共价键的形成

氢分子是由两个氢原子结合而成的。当两个氢原子靠近时，就相互作用而形成氢分子。在形成氢分子的过程中，电子不是从一个氢原子转移给另一个氢原子，而是在两个氢原子间共用，形成共用电子对。这两个共用的电子在两个原子核周围运动。因此，每个氢原子都具有氦原子的稳定结构，共用电子对受两个原子核的共同吸引，而形成稳定的氢分子。

氢分子的形成可用电子式表示如下：

$$H \cdot + \times H \longrightarrow H \overset{\times}{\cdot} H$$

在化学上，一对共用电子常用一根短线来表示，因此，氢分子又可写成 H—H。

像氢分子这样，原子间通过共用电子对所形成的化学键叫作共价键。

一般非金属与非金属元素之间都是以共价键形成化合物，如 Cl—Cl 、 O=O 、 N≡N 、 H—Cl 等。

2. 共价键的参数

(1)键长。键长是指两个成键原子核间的平均距离。一般情况，若两原子间形成的键越短，键就越牢固(表 1-1)。

表 1-1　一些共价键的键长和键能

键	键长 /pm	键能 /kJ·mol^{-1}	键	键长 /pm	键能 /kJ·mol^{-1}
H—H	74	436	C—H	109	414
C—C	154	347	C—N	147	305
N—N	145	159	N—H	101	389
O—O	148	142	O—H	96	464
Cl—Cl	199	244	S—H	136	368
Br—Br	228	192	C=C	134	611
I—I	267	150	C≡C	120	837
S—S	205	264	N≡N	110	946

(2)键能。键能是从能量因素衡量化学键强弱的物理量。在气态时，断裂共价分子中，单位物质的量同一种键所需能量即为该种键的键能。

(3)键角。键角是指共价分子中两个相邻键之间的夹角。键角是表征分子空间结构的重要参数之一。

3. 共价键的特点

(1)饱和性。当两个 H 原子结合成 H_2 分子后，不可能再结合第三个 H 原子形成"H_3 分子"。同样，甲烷的化学式是 CH_4，说明碳原子最多能与 4 个氢原子结合。这些事实说明，形成共价键时，每个原子有一个最大的成键数，每个原子能结合其他原子的数目不是任意的。由于一个原子的未成对电子跟另一个原子的自旋相反的电子配对成键后，就不能跟第三个电子配对成键，因此，一个原子有几个未成对电子，就可和几个自旋相反的电子配对成键。这就是共价键的饱和性。

例如，硫原子和氢原子能结合生成硫化氢分子，因为每个硫原子有两个未成对的 3p 电子，每个氢原子有一个未成对的 1s 电子，所以，一个硫原子可以跟两个氢原子结合成

H_2S 分子，而不可能生成 H_3S 或 H_4S 的分子。同样，氮原子有 3 个未成对的电子，它可以和另一个氮原子的 3 个未成对的电子配对，形成氮分子；它也可以和 3 个氢原子的电子配对，形成氨分子。当形成氮分子或氨分子以后，共价键达到了饱和，就不能再结合其他原子了。

(2)方向性。电子运动的轨道是有形状的(称电子云)，电子对的共用从形象上看即电子云的重叠。各电子亚层的轨道中除 s 轨道呈球形对称无方向性外，p、d、f 轨道在空间都有一定的伸展方向。在形成共价键时，除 s 轨道与 s 轨道在任何方向上都能达到最大程度的重叠外，p、d、f 轨道只有沿着一定的方向才能发生最大程度的重叠。在形成共价键时，成键电子的电子云重叠越多，核间电子云密度越大，形成的共价键越稳固。因此，共价键的形成尽可能沿着电子云密度最大的方向，这就是共价键的方向性。

例如，当 H 原子的 1s 轨道与 Cl 原子的 $3p_x$ 轨道发生重叠形成 HCl 分子时，H 原子的 1s 轨道必须沿着 x 轴才能与 Cl 原子的含有单电子的 $3p_x$ 轨道发生最大程度的重叠，形成稳定的共价键；而沿其他方向的重叠，则原子轨道不能重叠或重叠很少，因而不能成键或成键不稳定。

按电子云的重叠方向，原子轨道之间有两类重叠方式，形成两种类型的共价键：

第一，原子轨道沿两核连线方向以"头碰头"方式重叠，形成 σ 型共价键，简称 σ 键，如 s—s、s—p、p_x—p_x；

第二，原子轨道沿两核连线方向以"肩并肩"方式重叠，形成 π 型共价键，简称 π 键，如 p_z—p_z、p_y—p_y。

其中，σ 键的强度要比 π 键的强度高。

共价键的方向性使共价分子都具有一定的空间构型。例如：H_2S 分子中两个 H—S 之间的夹角(即键角)是 92°，CO_2 分子中两个 C=O 之间的夹角是 180°，CH_4 分子中 4 个 C—H 之间的夹角是 109°28′。

(3)极性。不同种原子形成共价键，由于不同原子吸引电子的能力不同，使得分子中共用电子对的电荷是非对称分布的。这样的共价键叫作极性共价键，简称极性键。例如 H—Cl，由于 Cl 原子的吸引电子能力大于 H，共用电子对偏向于 Cl 一方而偏离于 H 一方，H—Cl 键中 Cl 一端显负电性，而 H 一端显正电性。这也是 HCl 分子中 H 表现为 +1 价，Cl 表现为 −1 价的原因。

同种原子形成的共价键，由于它们吸引电子的能力相同，共用电子对处于两原子正中间，共价键两端不会显正负电性，这样的共价键叫非极性共价键。

4. 配位共价键

配位共价键简称配位键，是指共价键中共用的电子对由成键原子中的一方独自提供，而另一方只提供空轨道。这样形成的共价键，叫作配位键。其中，提供所有成键电子的称"配位体(简称配体)"，提供空轨道接纳电子的称"受体"。

例如：NH_4^+ 中有 3 个 N—H 是普通共价键，第四个 N—H 是由 N 提供一对自身的电子(叫孤对电子)，H^+ 提供一个 1s 空轨道，形成的是配位键。配位键形成后，就与一般共价键无异，因此，NH_4^+ 中 4 个 N—H 的键长、键能、键角完全相同。

(三)金属键

金属键是金属晶体内的化学键。金属原子的特征是价电子的电离能很小，外层价电子容易脱落为自由电子，带负电荷的自由电子在整个金属晶体中作穿梭运动，把金属正离子或原子联结在一起。这些自由电子与金属离子或原子的相互作用称为金属键。

金属原子的价电子主要是 s 电子，而 s 电子云是球形对称的，可在任意方向与邻近原子的价电子云重叠，因此，金属键也无方向性和饱和性。只要空间条件允许，每个原子将与尽可能多的原子形成金属键。因此，金属原子总是按紧密的方式堆积起来，使各个 s 最大限度地重叠，形成最为稳定的金属结构。

二、分子间作用力

化学键是分子内原子之间的强相互作用力，而在分子与分子之间，也存在一种相对较弱的相互作用力，统称分子间作用力。

(一)范德华力

1. 取向力

取向力发生在极性分子与极性分子之间。由于极性分子的电性分布不均匀，一端带正电，一端带负电，形成偶极。因此，当两个极性分子相互接近时，由于它们偶极的同极相斥，异极相吸，两个分子必将发生相对转动。这种分子的互相转动，就使偶极的相反极相对，叫作"取向"。这时由于相反的极相距较近，同极相距较远，结果引力大于斥力，两个分子靠近，当接近到一定距离之后，斥力与引力达到相对平衡。这种由于极性分子的取向而产生的分子间的作用力，叫作取向力。

2. 诱导力

在极性分子和非极性分子之间，由于极性分子偶极所产生的电场对非极性分子发生影响，使非极性分子电子云变形（即电子云被吸向极性分子偶极的正电的一极），结果使非极性分子的电子云与原子核发生相对位移，本来非极性分子中的正、负电荷重心是重合的，相对位移后就不再重合，使非极性分子产生了偶极。这种电荷重心的相对位移叫作"变形"，因变形而产生的偶极，叫作诱导偶极，以区别于极性分子中原有的固有偶极。诱导偶极和固有偶极就相互吸引，这种由于诱导偶极而产生的作用力，叫作诱导力。

同样，在极性分子和极性分子之间，除了取向力外，由于极性分子的相互影响，每个分子也会发生变形，产生诱导偶极。其结果使分子的偶极矩增大，既具有取向力又具有诱导力。在阳离子和阴离子之间也会出现诱导力。

3. 色散力

非极性分子之间也有相互作用。粗略来看，非极性分子不具有偶极，它们之间似乎不会产生引力，然而事实上却非如此。例如，某些由非极性分子组成的物质，如苯在室温下是液体，碘、萘是固体；又如在低温下，N_2、O_2、H_2 和稀有气体等都能凝结为液体甚至固体。这些都说明非极性分子之间也存在着分子间的引力。当非极性分子相互接近时，由于每个分子的电子不断运动和原子核的不断振动，经常发生电子云和原子核之间的瞬时相对位移，也即正、负电荷重心发生了瞬时的不重合，从而产生瞬时偶极。而这种瞬时偶极又会诱导邻近分子也产生和它相吸引的瞬时偶极。虽然，瞬时偶极存在时间极短，但上述情况在不断重复着，使得分子间始终存在着引力，这种力可从量子力学理论计算出来，而其计算公式与光色散公式相似，因此，把这种力叫作色散力。

(二)氢键

1. 氢键的形成

氢键是一种比范德华力稍强的分子间作用力(仍比化学键的强度小得多)。

现以 HF 为例说明氢键的形成。在 HF 分子中，由于 F 的电负性很大，共用电子对强烈偏向 F 原子一边，而 H 原子核外只有一个电子，其电子云向 F 原子偏移的结果，使得它几乎要呈质子状态。这个半径很小、无内层电子的带部分正电荷的氢原子，使附近另一个 HF 分子中含有负电子对并带部分负电荷的 F 原子有可能充分靠近它，从而产生静电吸引作用。这个静电吸引作用力就是氢键。表示为 F—H—F。

不仅同种分子之间可以存在氢键，某些不同种分子之间也可能形成氢键。例如 NH_3 与 H_2O 之间。所以这就导致了氨气在水中的惊人溶解度：1 体积水中可溶解 700 体积氨气。

2. 形成氢键的条件

(1)与电负性很大的原子 A 形成强极性键的氢原子。

(2)较小半径、较大电负性、含孤对电子、带有部分负电荷的原子 B。

满足上述条件的原子(A 或 B)只有 F、O、N 3 种。

氢键的本质：强极性键（A—H）上的氢核，与电负性很大的、含孤电子对并带有部分负电荷的原子 B 之间的静电引力。

3. 氢键对物质溶点、沸点、溶解性的影响

一般地，同一系列物质的溶、沸点随分子量的增大而递增，但分子间有氢键的物质熔化或气化时，除了要克服纯粹的分子间力外，还必须提

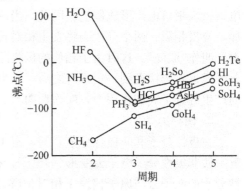

图 1-5 氢键与沸点关系图

高温度，额外地供应一份能量来破坏分子间的氢键，所以这些物质的熔点、沸点比同系列氢化物的熔点、沸点高(图 1-5)。

在极性溶剂中，如果溶质分子与溶剂分子之间可以形成氢键，则溶质的溶解度增大。HF 和 NH_3 在水中的溶解度比较大，乙醇溶于水，而乙醚不溶于水，就是这个缘故。

三、分子的极性

(一)分子极性的概念

分子的极性是指从分子的几何结构上看，是否存在着正负两极的特性。对共价化合物来说，我们应根据分子中正负电荷重心能否重合来判断分子的极性：如能重合则为非极性分子；如不能重合则为极性分子。

(二)分子极性的判断

1. 单原子分子型

因为此类分子中不存在化学键，正负电荷重心能重合，如 He、Ne、Ar、Kr 等稀有气体的分子等都属于非极性分子。

2. 双原子分子型

同种原子构成的双原子分子，由于成键的原子相同，共用电子对不偏向任何一方形成非极性键，所以，此类分子都属于非极性分子。如 H_2、O_2、N_2 等。

不同种原子构成的双原子分子，由于成键的原子不同，共用电子对偏向吸电子能力强的一方形成极性键，所以，此类分子都属于极性分子。如 HCl、HBr、HI、CO、NO 等。

3. 多原子分子型

（1）ABn 型。看中心原子 A 化合价的绝对值与该原子的最外层电子数是否相等：如果相等为非极性分子；如果不等则为极性分子。例如：CO_2、SO_3、SiF_4、CCl_4、CH_4 等分子都属于非极性分子；H_2S、NH_3、SO_2、NO_2、PCl_3、H_2O 等分子都属于极性分子。

（2）ABmCn 型。因为此类分子中正负电荷中心不能重合，都属于极性分子。如 CH_3Cl、CH_2Cl_2、$CHCl_3$ 等分子都属于极性分子。

（3）其他类型。O_3 属于极性分子，C_2H_2、C_2H_4 属于非极性分子。离子化合物都为强极性分子。

四、晶体的结构

常温常压下，固态物质根据其微观结构和性质特点分为晶体和无定形体（也称非晶体）两类。绝大多数固体都是晶体，例如矿石、金属、某些固体盐类等；少部分是非晶体，例如玻璃、松香、石蜡等。相对非晶体而言，晶体有三大特征：第一，晶体有一定的几何外形，如 NaCl 晶体呈立方体，而非晶体都没有固定形状；第二，晶体有固定的熔点，而非晶体只有软化的温度范围；第三，晶体是各向异性的，而非晶体各向同性。

晶体和非晶体之所以存在上述差别，是由于组成非晶体的微粒在空间的排列没有严格的规律性，而组成晶体的微粒（分子、原子或离子）在空间的排列具有非常严格的规律性。如果把组成晶体的微粒看成是几何点，则这些在空间按规律排列的点所构成的几何图形叫作晶格，晶格中微粒所占据的点叫作晶格结点。

根据晶体中晶格结点上的粒子种类及它们之间的相互作用力可将晶体分为不同类型。

（一）离子晶体

由阴、阳离子通过离子键结合而成的晶体叫离子晶体。离子晶体的代表物主要是强碱和多数盐类。

离子晶体的结构特点：晶格上质点是阳离子和阴离子；晶格上质点间作用力是离子键，它比较牢固；晶体里只有阴、阳离子，没有独立的分子（图1-6）。

离子晶体的性质特点：有较高的熔点和沸点，因为要使晶体熔化就要破坏离子键，离子键作用力较强大，所以要加热到较高温度；硬而脆；多数离子晶体易溶于水；离子晶体在固态时有离子，但不能自由移动，不能导电，溶于水或熔化时离子能自由移动而能导电。

（二）原子晶体

相邻原子间以共价键结合而形成的空间网状结构的晶体叫作原子晶体。常见的原子晶体是周期系第ⅣA族元素的一些单质和某些化合物，例如金刚石、硅晶体、SiO_2、SiC、B 等。

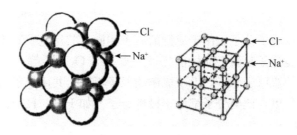

图 1-6　NaCl 晶体结构

原子晶体中，晶格结点上的微粒是原子，原子间的相互作用是共价键，与离子晶体一样，原子晶体中也不存在独立的分子。例如金刚石晶体中，每个 C 原子都与另外 4 个 C 原子形成共价键，呈四面体结构。

由于原子晶体中，微粒间的作用力是强度很大的共价键，所以，原子晶体一般具有很高的熔沸点和很大的硬度。金刚石的熔点高达 3773K，硬度也是所有晶体中最大的。原子晶体不溶于一般的溶剂，多数原子晶体为绝缘体，有些如硅、锗等是优良的半导体材料。对不同的原子晶体，组成晶体的原子半径越小，共价键的键长越短，即共价键越牢固，晶体的熔、沸点越高，如金刚石、碳化硅、硅晶体的熔、沸点依次降低(图 1-7、图 1-8)。且原子晶体的熔、沸点一般要比分子晶体和离子晶体高。

图 1-7　金刚石晶体结构

图 1-8　二氧化硅晶体结构

(三)分子晶体

由分子通过分子间作用力(包括氢键)结合而成的晶体叫作分子晶体。常温下呈气态或液态(汞除外)的物质，以及易挥发的固态物质多为分子晶体，例如 HCl、CO_2、I_2、稀有气体、大多数有机化合物等(图 1-9)。

分子晶体中，晶格点上的微粒是分子，即分子晶体中存在着独立的分子。分子间靠分子间力作用，由于分子间作用力很弱，分子晶体具有较低的熔、沸点，硬度小、易挥发，许多物质在常温下呈气态或液态，例如 O_2、CO_2 是气体，乙醇、冰醋酸是液体。同类型分子的晶体，其熔、沸点随分子量的增加而升高，例如卤素单质的熔、沸点按 F_2、Cl_2、Br_2、I_2 顺序递增；非金属元素的氢化物，按周期系同主族由上而下熔沸点升高；有机物的同系物随碳原子数的增加，熔、沸点升高。但 HF、H_2O、NH_3、CH_3CH_2OH 等分子间，除存在范德华力外，还有氢键的作用力，它们的熔、沸点相对较高。在固态和熔融状态时都不导电。

分子组成的物质，其溶解性遵守"相似相溶"原理，极性分子易溶于极性溶剂，非极性分子易溶于非极性的有机溶剂，例如 NH_3、HCl 极易溶于水，难溶于 CCl_4 和苯；而 Br_2、I_2 难溶于水，易溶于 CCl_4、苯等有机溶剂。根据此性质，可用 CCl_4、苯等溶剂将 Br_2 和 I_2 从它们的水溶液中萃取、分离出来。

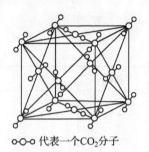

○—○—○ 代表一个 CO_2 分子

图1-9　CO_2 分子晶体结构

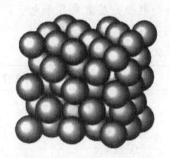

图1-10　金属晶体的结构

(四)金属晶体

由金属原子、金属正离子通过金属键结合而成的晶体叫作金属晶体。所有的金属单质和部分合金都属于金属晶体(图 1-10)。

在金属晶体中，晶格点上排列的是金属原子和金属正离子，期间还存在着自由移动的电子。金属晶体通常具有很高的导电性和导热性、很好的可塑性和机械强度，对光的反射系数大，呈现金属光泽；大多数金属具有较高的熔点和硬度，硬度最大的金属是铬，熔点最高的金属是钨。

四种晶体的结构和特点对比见表 1-2。

表1-2　四种晶体的结构和特点对比

晶体类型	原子晶体	离子晶体	金属晶体	分子晶体
实例	金刚石、SiC	NaCl、CaO	Cu、Ag、合金	冰、干冰、O_2
晶格点上的微粒	原子	正、负离子	原子、离子	分子
结合力	共价键	离子键	金属键	分子间力
力学性质	硬度大、脆、无延展性	硬度较大、脆、无延展性	硬度各不相同，有延展性	疏松、质软
热学性质	熔点高，膨胀系数小	熔点较高，膨胀系数小	熔点高低不等，导热性好	熔点低、膨胀系数大，易挥发
电学性质	绝缘体(半导体)	固体绝缘，溶融和溶液为导体	导电性良好	绝缘体，有的水溶液为导体
溶解性质	在大多数溶剂中不溶	大多数溶于极性溶液	难溶	极性相似相溶

习　题

1. 溴有两种同位素，在自然界中这两种同位素各占一半，已知溴的核电荷数是 35，原子量为 80，则溴的两种同位素的中子数分别是(　　)

A. 44，45　　B. 45，46　　C. 44，46　　D. 79，81

2. 下述哪种说法最符合保利原理?

A. 需要用4个不同的量子数来描述原子中的每一个电子;

B. 原子中具有4个相同量子数的电子不能多于两个;

C. 充满一个电子壳层需要8个电子;

D. 电子间存在排斥力。

3. 填写下表

原子序数	电子分布式	价电子构型	周期	族	区
33					
		$3d^3 4s^2$			
	$1s^2 2s^2 2p^6$				
			五	ⅡB	

4. 元素A、B、C、D均为短周期元素,原子半径D>C>A>B,A和B处于同一周期,A和C处于同主族,C原子核外电子数等于A和B原子核外电子数之和,C原子的价电子数是D原子价电子数的2倍,D为ⅡA族元素。试判断A、B、C、D各为何种元素。

5. 有一瓶白色固体粉末,它们可能是Na_2CO_3、$NaNO_3$、Na_2SO_4、$NaCl$或$NaBr$,试鉴别它们,并写出相关化学方程式。

6. 为什么可以用HF酸来清洗金属铸件上的砂粒?

7. 将无色钾盐溶于水得无色溶液A,用pH试纸检验知A显酸性。向A中滴加KMnO₄溶液,则紫红色褪去,说明A被氧化为B,向B中加入$BaCl_2$溶液得不溶于强酸的白色沉淀C。向A中加入稀盐酸有无色气体D放出,将D通入$KMnO_4$溶液则又得到无色的B。向含有淀粉的KIO_3溶液中滴加少许A则溶液立即变蓝,说明有E生成,A过量时蓝色消失得无色溶液F。给出A,B,C,D,E,F的分子式或离子式。

8. 完成下列化学反应方程式

(1)$KMnO_4 + H_2S + H_2SO_4 \rightarrow$

(2)$KMnO_4 + K_2SO_3 + KOH \rightarrow$

(3)氯酸钾受热分解

9. 填表

物质	晶体类型	晶格结点上粒子	粒子间作用力	熔点相对高低
SiC				
NH₃				
$MgCl_2$				
O₂				
Fe				
HF				
H_2O				

10. HF 的沸点为什么比 HI 高?

11. 下列分子中哪些是非极性的,哪些是极性的? 指出分子的极性与其空间构型的关系。

$BeCl_2$、BCl_3、H_2S、HCl、CCl_4、$CHCl_3$、H_2、HCl、H_2O、CS_2、NH_3、NaF、C_2H_4、Cu

第 **2** 章

化学反应速率与化学平衡

研究化学反应常常涉及两个问题，一是化学反应进行得快慢，即速率问题；二是化学反应进行的程度，即化学平衡问题。

第一节　化学反应速率

一、化学反应速率的表示方法

有些化学反应进行得很快，瞬间即可完成，例如燃烧、爆炸、中和反应等；也有些反应进行得很慢，需要很长时间才能完成，像石油和煤的形成需要上百万年。我们把在一定条件下，一定量的反应物转变为生成物的快慢，叫作化学反应速率。化学反应速率可以用单位时间内，反应物或生成物中任一物质浓度的变化量与该物质的化学计量数的比值来表示，单位为 $mol \cdot dm^{-3} \cdot s^{-1}$ 或 $mol \cdot dm^{-3} \cdot min^{-1}$。对反应：

$$aA+bB \rightarrow yY+zZ$$

其反应速率可用 $v_A = \dfrac{1}{a} \times \dfrac{dc(A)}{dt}$ 表示，也可用 $v_Y = \dfrac{1}{y} \times \dfrac{dc(Y)}{dt}$ 表示，即 $v = v_A = v_B = v_Y = v_Z$

例 2-1　在一定条件下合成氨反应中各物质浓度的变化如下：

$$N_2(g) + 3H_2(g) = 2NH_3(g)$$

起始 $c(mol \cdot dm^{-3})$　　1.0　　3.0　　0

2s 后 $c(mol \cdot dm^{-3})$　　0.8　　2.4　　0.4

求该反应在这 2s 内的反应速度。

解：

$$v_{N_2}=\frac{1.0-0.8}{2}=0.1(mol\cdot dm^{-3}\cdot s^{-1})$$

$$v_{H_2}=\frac{1}{3}\times\frac{3.0-2.4}{2}=0.1(mol\cdot dm^{-3}\cdot s^{-1})$$

$$v_{NH_3}=\frac{1}{2}\times\frac{0.4-0}{2}=0.1(mol\cdot dm^{-3}\cdot s^{-1})$$

所以,该反应在这 2s 内的反应速率为 $v=0.1\ mol\cdot dm^{-3}\cdot s^{-1}$。

应当指出,用上述方法表示的反应速率,是在 Δt 时间内的平均速率,实际上,一般的化学反应都不是等速进行的,而是随着反应的进行,反应物浓度不断降低,反应速率不断减小。时间间隔 Δt 取得越短,所得反应速率越接近 t 时刻的真实反应速率。当 Δt 趋近于零时的平均反应速率称为瞬时反应速率。

二、浓度对化学反应速度的影响

(一)元反应和复合反应

从化学反应的机理来看化学反应,有的反应可一步完成,这样的反应称为元反应(或称简单反应),例如反应 $NO_2+CO=\!=\!=NO+CO_2$ 就是元反应;有的反应需要两步或更多的步骤完成,其中每一步都为元反应,这样的反应称为复合反应(或称复杂反应),例如 $H_2+I_2=\!=\!=2HI$ 反应分两步进行,第一步 $I_2\longrightarrow2I$(快反应),第二步 $H_2+2I\longrightarrow2HI$(慢反应)。

一个化学反应是元反应还是复合反应,从反应方程式上是看不出来的,只有通过实验来确定。元反应比较少见,大多数化学反应都是复合反应。

(二)质量作用定律

大量实验告诉我们,在一定温度下,化学反应的速率与反应物的浓度有关,反应物的浓度越大,反应速率越快。实验证明,对于元反应,在一定温度下,其反应速率与反应物浓度(以反应中该物质的化学计量数为指数)的乘积成正比。这一经验定律称为质量作用定律。据此,对于元反应:

$$aA+bB\longrightarrow yY+zZ$$
$$v=k\cdot c^a(A)\cdot c^b(B) \tag{2-1}$$

上式叫作化学反应速率方程式,也叫作质量作用定律的数学表达式。其中,各物质浓度的指数之和叫作反应级数,用 n 表示,即 $n=a+b$;k 叫作反应速率常数,对于给定的化学反应,k 不随浓度变化,但随温度和催化剂等条件而变化。

(三)复合反应的反应速率方程

质量作用定律只适用于元反应,对于复合反应,质量作用定律只适用于其中每一步元反应,而不适用于总反应。复合反应的总反应速率方程,取决于它的反应机理,是不能根据总反应方程式直接写出的,而反应机理要由实验来确定。

若已知复合反应的机理,根据质量作用定律可写出其每一步的反应速率方程,其中慢的一步是整个化学反应的控制步骤,因此,该反应的速率方程就是总反应的反应速率方程。例如,已知一定温度下反应:

$$2NO+2H_2=\!=\!=N_2+2H_2O$$

其反应机理为

$$2NO + H_2 \rightarrow N_2 + H_2O_2 \text{(慢)}$$
$$H_2O_2 + H_2 \rightarrow 2H_2O \text{(快)}$$

则总反应的反应速率方程为

$$v = k \cdot c^2(NO) \cdot c(H_2)$$

一个化学反应的反应机理可通过实验测定一定温度下某一时刻反应物的浓度和相应的反应速率的数据来推导。

例 2-2　在 800℃时，对反应 $2NO + 2H_2 \Longrightarrow N_2 + 2H_2O$ 进行了反应速率的实验测定，有关数据如下：

实验序号	起始浓度(mol·dm^{-3})		起始反应速率(mol·dm^{-3}·s^{-1})
	$c(NO)$	$c(H_2)$	v
1	6.00×10^{-3}	1.00×10^{-3}	3.19×10^{-3}
2	6.00×10^{-3}	2.00×10^{-3}	6.38×10^{-3}
3	1.00×10^{-3}	6.00×10^{-3}	0.48×10^{-3}
4	2.00×10^{-3}	6.00×10^{-3}	1.92×10^{-3}

(1)写出这个反应的速率方程式，指出反应的级数；

(2)计算这个反应在 800℃时的反应速率系数；

(3)当 $c(NO) = 4.00\times10^{-3}$ mol·dm^{-3}，

　　$c(H_2) = 5.00\times10^{-3}$ mol·dm^{-3}时：

计算这个反应在 800℃时的反应速率。

解：

(1)从实验 1 到 2 可以看出，当 $c(NO)$ 保持不变时，$c(H_2)$ 增加 1 倍，v 也增大 1 倍，所以 $v \propto c(H_2)$。从实验 3 到 4 可以看出，当 $c(H_2)$ 保持不变，$c(NO)$ 增加到原来的 2 倍时，v 增大到 4 倍，即 $v \propto c^2(NO)$。所以 $v \propto c^2(NO)c(H_2)$，即

$$v = k \cdot c^2(NO) \cdot c(H_2)$$

其反应的级数为 $2+1=3$，即三级反应。

(2)将实验 1 的数据代入上式得

$$3.19\times10^{-3} = k\times(6.00\times10^{-3})^2\times(1.00\times10^{-3})$$

则 $k = 8.00\times10^{-4}$

由于常数 k 的单位与反应级数相关，不是一个确定的单位，因此一般不要求写常数 k 的单位。

(3)当 $c(NO) = 4.00\times10^{-3}$ mol·dm^{-3}，

　　$c(H_2) = 5.00\times10^{-3}$ mol·dm^{-3}时：

$$v = k \cdot c^2(NO) \cdot c(H_2)$$
$$= 8.00\times10^{-4}\times(4.00\times10^{-3})^2\times(5.00\times10^{-3})$$
$$= 6.40\times10^{-3} \text{ mol·dm}^{-3}\text{·s}^{-1}$$

三、温度对化学反应速度的影响

大多数化学反应的速率随温度升高而增大，但增大的程度不同。实验表明，对一般化

学反应来说，温度每升高 10℃，反应速率增大 2～4 倍。

温度对反应速率的影响，表现在反应速率系数上，也就是说，反应速率系数 k 是随温度的改变而改变的。

1889 年，瑞典化学家阿仑尼乌斯根据实验结果，提出了温度与反应速率系数之间关系的经验公式，即阿仑尼乌斯公式：

$$k = Ze^{-\frac{\varepsilon}{RT}} \tag{2-2}$$

或

$$\ln k = -\frac{\varepsilon}{RT} + \ln Z \tag{2-3}$$

$$\lg k = -\frac{\varepsilon}{2.303RT} + \lg Z \tag{2-4}$$

式中，k 是反应的速率常数，T 是绝对温度(K)，R 是摩尔气体常数(8.314J·mol^{-1}·K^{-1})，Z 是比例常数，ε 是反应的活化能(J·mol^{-1})。对于给定的反应，ε 和 Z 都可以看作是与温度无关的常数。

阿仑尼乌斯公式说明了速率系数 k 随温度升高而增大，且活化能越大，k 随温度的变化率就越大；反之，活化能越小，k 随温度的变化率也越小。

对于同一个反应，ε 和 Z 都可看作是常数，速率系数 k 仅取决于温度 T。由式(2-3)可知，k 与 T 是指数函数关系，温度 T 的较小改变，会使速率系数 k 发生较大的变化，而且这种影响在高温区和低温区是不同的。假定一个反应的速率系数在 T_1 时为 k_1，T_2 时为 k_2，分别代入式(2-3)得

$$\ln k_1 = \ln Z - \frac{\varepsilon}{RT_1}$$

$$\ln k_2 = \ln Z - \frac{\varepsilon}{RT_2}$$

两式相减得

$$\ln \frac{k_2}{k_1} = \frac{\varepsilon}{R}\left(\frac{T_2 - T_1}{T_1 T_2}\right) \tag{2-5}$$

从式(2-5)可明显看出，同样升高 ΔT，在低温区($T_1 T_2$ 较小)，速率增加的倍数多，在高温区($T_1 T_2$ 较大)速率增加的倍数少，也就是说，温度改变，在低温区对反应速率影响比高温区大。

例 2-3　实验测得反应 $2NO_2(g) \rightarrow 2NO(g) + O_2(g)$ 在 600K 的温度下，$k_1 = 0.75$，而在 700K 时，$k_2 = 19.7$，求反应的活化能。

解：根据方程 $\ln \dfrac{k_2}{k_1} = \dfrac{\varepsilon}{R}\left(\dfrac{T_2 - T_1}{T_1 T_2}\right)$

则 $\varepsilon = R \dfrac{T_1 T_2}{T_2 - T_1} \ln \dfrac{k_2}{k_1}$

$= 8.314 \times \dfrac{600 \times 700}{700 - 600} \times \ln \dfrac{19.7}{0.75}$

$= 114\,125 (\text{J·mol}^{-1})$

四、催化剂对反应速度的影响

催化剂是一种能改变反应速率，而本身的组成、质量和化学性质在反应前后保持不变

的物质。催化剂对反应速率影响极大，例如常温下氢和氧合成水的反应是非常慢的，但在有钯粉作催化剂时，常温常压下氢和氧可迅速化合成水，工业上常利用这个方法来除去氢气中微量的氧，以获得纯净氢气。

实验证明，催化剂对反应速率的影响和浓度、温度对反应速率影响是不一样的。浓度或温度影响反应速率时一般不改变反应的机理，而催化剂对反应速率影响却是通过改变反应机理来实现的。如合成氨反应

$$N_2(g) + 3H_2(g) = 2NH_3(g)$$

在不用催化剂时，此反应的活化能很高，反应速率很小，若用铁粉作为催化剂，就可以改变原反应的历程，使反应在催化剂表面上进行，较大地降低了反应的活化能，从而加快了反应速率。

假设在无催化剂时，反应历程 A＋B→AB，所需活化能为 ε，当有催化剂 K 存在时，反应历程改变为 A＋K→AK，AK＋B→AB＋K，所需活化能分别为 ε_1、ε_2，且 ε_1、ε_2 均小于 ε(图 2-1)，可见反应所需的最大活化能降低，因此反应速率加快。

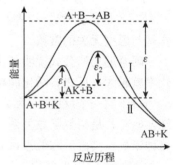

图 2-1　活化能改变反应速率

由阿仑尼乌斯公式可以看出，活化能 ε 在指数项中，因此活化能的改变对反应速率的影响是比较大的。例如对 HI 分解成 I_2 和 H_2 的反应，未使用催化剂时其活化能是 184 kJ·mol^{-1}，在 Pt 作催化剂时，活化能降低到 105 kJ·mol^{-1}。若反应都在 503K 下进行，则仅是活化能下降就使反应速率增加为：

$$\frac{k_{有}}{k_{无}} = \frac{e^{\frac{105\,000}{RT}}}{e^{\frac{184\,000}{RT}}} = 1.6 \times 10^8 \text{ 倍}$$

可见，活化能降低不到一半，而反应速率却增加近 1.6 亿倍。

使用催化剂可使某些本来要用高温高压设备的化学反应，在低温低压下就能迅速进行，这对提高生产效率，节省能源和设备费用等都有重要意义。

当然，也有能减慢反应速率的负催化剂。例如：食用油脂里加入 0.01％～0.02％没食子酸正丙酯，就可以有效地防止酸败，在这里，没食子酸正丙酯是一种负催化剂。

第二节　化学平衡

在化工生产中，我们不仅要了解化学反应的速率，而且还要知道在一定条件下化学反应可能进行到什么程度，进一步提高产量需采取哪些措施，这就是化学平衡的问题。

一、可逆反应与化学平衡

几乎所有的化学反应都是可逆的，只不过可逆的程度不同罢了。例如，水煤气中的一氧化碳在高温下和水蒸气作用可以生成氢气和二氧化碳；与此同时，氢气和二氧化碳作用

也可生成一氧化碳和水蒸气：

$$CO(g)+H_2O(g) \Longrightarrow CO_2(g)+H_2(g)$$

像这样在同一条件下，既能从左向右进行，也能从右向左进行的化学反应叫作可逆反应。用"$\rightleftharpoons$"符号表示可逆反应。一般地，把从左向右进行的反应叫作正反应，其速率用$v_{正}$表示；而把从右向左进行的反应叫逆反应，其速率用$v_{逆}$表示。有些反应的逆反应倾向非常小，以至可以忽略不计，习惯上也称这样的反应为不可逆反应，如酸碱中和反应、氯酸钾分解反应等。

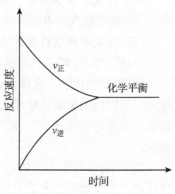

一个可逆反应在刚开始时，容器中只有反应物，一旦出现生成物，逆反应便立即发生。随着反应的进行，反应物浓度不断降低，正反应速率$v_{正}$逐渐减慢；而生成物浓度不断增大，逆反应速率$v_{逆}$逐渐加快。经过一段时间后，$v_{正}$总会与$v_{逆}$相等，这时，如果外界条件不变，反应物和生成物的浓度都不会再随时间改变。我们把正、逆反应速率相等时反应体系所处的状态叫作化学平衡。如图2-2所示。

应当指出，化学反应达到平衡时，反应并没有停止，而是仍在进行，只不过正、逆反应进行的速率相等罢了。所以化学平衡是一种动态平衡。

图2-2 化学平衡的建立

二、平衡常数

化学平衡常数，是指在一定温度下，可逆反应无论从正反应开始，还是从逆反应开始，也不管反应物起始浓度大小，最后都达到平衡，这时各生成物浓度的化学计量数次幂的乘积除以各反应物浓度的化学计量数次幂的乘积所得的比值是个常数，用 K 表示，这个常数叫化学平衡常数。

(一)平衡常数表达式

设可逆反应 $aA+bB \Longrightarrow gG+dD$ 在某温度下达到平衡，则产物浓度以系数为指数的乘积与反应物浓度以系数为指数的乘积之比为一常数。

$$K_c = \frac{[G]^g [D]^d}{[A]^a [B]^b} \tag{2-6}$$

式中，[A]、[B]、[G]、[D]分别表示 A、B、G、D 物质的量浓度($mol \cdot dm^{-3}$)，K_c是在该温度下浓度平衡常数。

对于气相反应，由于在一定温度下，气体的分压与气体物质的量浓度成正比，因此，在平衡常数表达式中也可以用平衡时各气体的分压来代替气体物质的量浓度。设气相反应

$$aA(g)+bB(g) \Longrightarrow gG(g)+dD(g)$$

用分压表示的平衡常数为

$$Kp = \frac{p_G^g p_D^d}{p_A^a p_B^b} \tag{2-7}$$

根据气体状态方程，混合气体中各物质的分压与物质的量浓度之间有如下关系：

$$p_A = \frac{n_A RT}{V} \quad p_G = \frac{n_G RT}{V}$$

$$p_B = \frac{n_B RT}{V} \quad p_D = \frac{n_D RT}{V}$$

代入式 2-7 得

$$K_p = \frac{p_G^g \, p_D^d}{p_A^a \, p_B^b} = K_c \, (RT)^{(g+d)-(a+b)}$$

令

$$(g+d)-(a+b) = \Delta n$$

则

$$K_p = K_c \, (RT)^{\Delta n}$$

以上公式中 R 为摩尔气体常数 ($R=8.314 \cdot J \cdot K^{-1} \cdot mol^{-1} = 8.314 \ Pa \cdot m^3 \cdot K^{-1} \cdot mol^{-1}$)，由于浓度的单位是 $mol \cdot dm^{-3}$，因此，在此换算公式中，R 的取值为 8.314×10^3。

(二)有关平衡常数表达式的说明

(1) K_p 与 K_c 都是只与温度有关的常数，随温度改变而不随浓度、压力等改变。

(2) 不同的化学平衡体系，其平衡常数不一样。平衡常数大，说明生成物的平衡浓度较大，反应物的平衡浓度相对较小，即表明反应进行得较完全。因此，平衡常数的大小可以表示反应进行的程度。对于同一类型的反应，K_p 或 K_c 越大，表明正反应进行得越彻底。

(3) 平衡常数表达式的形式与反应历程无关，但与反应方程式的写法有关，同一个化学反应，由于书写的方式不同，各反应物、生成物的化学计量数不同，平衡常数就不同。但是这些平衡常数可以相互换算。

例如：

$$N_2 + 3H_2 \Longrightarrow 2NH_3 \qquad 1/2N_2 + 3/2H_2 \Longrightarrow NH_3$$

$$K_c = \frac{[NH_3]^2}{[N_2][H_2]^3} \qquad K_c' = \frac{[NH_3]}{[N_2]^{\frac{1}{2}}[H_2]^{\frac{3}{2}}}$$

$$K_c = (K_c')^2$$

(4) 固体、纯液体的浓度不写入平衡常数表达式中，例：

$$Fe_2O_3(s) + 3CO(g) \Longrightarrow 2Fe(s) + 3CO_2(g)$$

$$K_c = \frac{[CO_2]^3}{[CO]^3} \qquad K_p = \frac{p_{CO_2}^3}{p_{CO}^3} \qquad K_p = K_c$$

$$H_2(g) + \frac{1}{2}O_2(g) \Longrightarrow H_2O(l)$$

$$K_c = \frac{1}{[H_2][O_2]^{\frac{1}{2}}} \qquad K_p = \frac{1}{p_{H_2} \, p_{O_2}^{\frac{1}{2}}} \qquad K_p = K_c \, (RT)^{-\frac{3}{2}}$$

(5) 平衡常数有单位，但比较复杂，且随反应方程式的写法不同而不同，故常不写单位。

(三)有关平衡常数的计算

例 2-4　某温度时，反应 $H_2(g) + I_2(g) \Longrightarrow 2HI(g)$ 的平衡常数为 49，反应开始时，H_2 和 I_2 均为 1mol。求在该温度下反应达到平衡时，三种物质各为多少 mol？I_2 的转化率为多少？

$$某反应物的转化率 = \frac{该反应物已转化的量}{该反应物反应前的量} \times 100\%$$

解：气相反应，$\Delta n = 0$，$K_c = K_p = 49$

设 $K_c = 49$，体系体积为 $V(L)$，平衡时反应掉 H_2 为 x mol

$$H_2(g)+I_2(g)\Longrightarrow 2HI(g)$$

开始时的量(mol)	1	1	0
平衡时的量(mol)	$1-x$	$1-x$	$2x$
平衡时浓度(mol·dm^{-3})	$\dfrac{1-x}{V}$	$\dfrac{1-x}{V}$	$\dfrac{2x}{V}$

$$K_c=\frac{[HI]^2}{[H_2][I_2]}=\frac{(2x)^2}{(1-x)(1-x)}=49$$

$$x'=0.78(\text{mol})$$

$$n_{H_2}=n_{I_2}=1-x=0.22(\text{mol})$$

$$n_{HI}=2x=1.56(\text{mol})$$

$$\alpha_{I_2}=\frac{I_2\text{ 的转化量}}{I_2\text{ 的起始量}}\times 100\%=\frac{x}{1}\times 100\%=78\%$$

例 2-5 使 1.10mol SO$_2$ 与 0.90mol O$_2$ 的混合物在 853K 和 1.2×10^5Pa 以及 V$_2$O$_5$ 催化下反应生成 SO$_3$。达到平衡后(温度和总压力不变)，测得混合物中剩余的 O$_2$ 为 0.53mol。求该反应在此温度下的 K_c 和 K_p。

解：

$$2SO_2(g)\ +\ O_2(g)\Longrightarrow 2SO_3(g)$$

开始时的量(mol)	1.10	0.90	0
平衡时的量(mol)	0.36	0.53	0.74

$$n_{总}=1.63$$

平衡时的量分数	$\dfrac{0.36}{1.63}$	$\dfrac{0.53}{1.63}$	$\dfrac{0.74}{1.63}$

平衡时的分压(Pa)　　$p_{SO_2}=\dfrac{0.36}{1.63}\times 1.2\times 10^5$

$$p_{O_2}=\frac{0.53}{1.63}\times 1.2\times 10^5$$

$$p_{SO_3}=\frac{0.74}{1.63}\times 1.2\times 10^5$$

$$K_p=\frac{p_{SO_3}^2}{p_{SO_2}^2\,p_{O_2}}$$

$$=\frac{\left(\dfrac{0.74}{1.63}\times 1.2\times 10^5\right)^2}{\left(\dfrac{0.36}{1.63}\times 1.2\times 10^5\right)^2\times\left(\dfrac{0.53}{1.63}\times 1.2\times 10^5\right)}$$

$$=1.08\times 10^{-4}$$

$$K_c=K_p(RT)^{-\Delta n}$$

$$=1.08\times 10^{-4}\times(8.314\times 10^3\times 853)^{-(2-3)}$$

$$=766$$

三、化学平衡的移动

化学平衡是在一定外界条件下建立起来的，当外界条件发生变化时，如果这一变化对正、逆反应速度的影响不同，原来的平衡状态就会遭到破坏，并建立起与外界条件相适应的新平衡。这种当外界条件改变时，可逆反应从一种平衡状态变化到另一种平衡状态的过程，叫作化学平衡的移动。

(一)浓度对化学平衡的影响

例 2-6　800℃时，反应

$$CO(g) + H_2O(g) \rightleftharpoons H_2(g) + CO_2(g)$$

其反应平衡常数 K_c 等于 1.0。

(1)若 CO 和 H_2O 的起始浓度分别为 2.0 mol·dm^{-3} 和 3.0 mol·dm^{-3}，求反应达到平衡时各物质的浓度以及 CO 的转化率。

(2)在(1)的平衡基础上增大水蒸汽浓度，使之达到 6.0mol·dm^{-3}，求达到新的平衡时各物质的浓度以及 CO 的转化率。

解：

(1)设平衡时 CO_2 的浓度为 x mol·dm^{-3}

	CO(g)	$+$ H$_2$O(g)	$\rightleftharpoons$ H$_2$(g)	$+$ CO$_2$(g)
起始浓度(mol·dm^{-3})	2.0	3.0	0	0
平衡浓度(mol·dm^{-3})	2.0$-x$	3.0$-x$	x	x

$$K_c = \frac{[CO_2][H_2]}{[CO][H_2O]} = \frac{x^2}{(2.0-x)(3.0-x)} = 1.0$$

$x = 1.2$mol·dm^{-3}

平衡时各物质的浓度为

$[CO] = 2.0-x = 0.8$mol·dm^{-3}

$[H_2O] = 3.0-x = 1.8$mol·dm^{-3}

$[CO_2] = [H_2] = x = 1.2$ mol·dm^{-3}

CO 的转化率为

$$\alpha_{CO} = \frac{CO 的转化量}{CO 的起始量} \times 100\% = \frac{1.2}{2} \times 100\% = 60\%$$

(2)设达到新的平衡时 CO_2 的浓度又增加 y mol·dm^{-3}

	CO(g)	$+$ H$_2$O(g)	$\rightleftharpoons$ H$_2$(g)	$+$ CO$_2$(g)
起始浓度(mol·dm^{-3})	0.8	6.0	1.2	1.2
平衡浓度(mol·dm^{-3})	0.8$-y$	6.0$-y$	1.2$+y$	1.2$+y$

$$K_c = \frac{[CO_2][H_2]}{[CO][H_2O]} = \frac{(1.2+y)^2}{(0.8-y)(6.0-y)} = 1.0$$

$y = 0.37$mol·dm^{-3}

$[CO] = 0.8-y = 0.43$ mol·dm^{-3}

$[H_2O] = 6.0-y = 5.63$ mol·dm^{-3}

$[CO_2] = [H_2] = 1.2+y = 1.57$ mol·dm^{-3}

$$\alpha_{CO} = \frac{CO 的转化量}{CO 的起始量} \times 100\% = \frac{2-0.43}{2} \times 100\% = 78.5\%$$

由上例计算结果可见，由于增大了反应物水蒸气的浓度，CO 的转化率随之增大，这说明平衡向正反应方向发生了移动。

结论：在一定温度下，增大反应物浓度或减小生成物浓度，平衡向正反应方向移动；反之，减小反应物浓度或增大生成物浓度，平衡向逆反应方向移动。

(二)总压对化学平衡的影响

总压力的变化对没有气体参加的液相或固相反应的平衡影响不大，因为压力对液体和固体体积的影响极小，从而对浓度的影响也极小。但是对有气体参加的反应，总压力的改变对平衡是有一定的影响的。为什么会有影响呢？是因为当温度不变时，改变总压力，将导致体系体积的改变，引起各物质浓度(或分压)的变化，从而使化学平衡发生移动。

例如在一定温度下的密闭容器中进行如下反应

$$2SO_2(g) + O_2(g) \rightleftharpoons 2SO_3(g)$$

设反应达平衡时系统总压为 $p_总 = 1atm$，各物质的分压为 p_{SO_2}，p_{O_2}，p_{SO_3}。

$$K_p = \frac{p^2_{SO_3}}{p^2_{SO_2} p_{O_2}}$$

现将总压力增大到 2atm，则体系体积缩小到原来的 1/2，各物质的分压将增大到原来的 2 倍。

$$\begin{aligned}
K'_p &= \frac{(p'_{SO_3})^2}{(p'_{SO_2})^2 p'_{O_2}} \\
&= \frac{(2p_{SO_3})^2}{(2p_{SO_2})^2 (2p_{O_2})} \\
&= \frac{4p^2_{SO_3}}{8p^2_{SO_2} \cdot p_{O_2}} \\
&= \frac{1}{2} K_p < K_p
\end{aligned}$$

平衡将向正反应方向(即气体分子数减少的方向)移动，使 SO_3 分压增大，达到平衡。

结论：对于有气体参加的反应，在一定温度下，增大总压力，平衡向使气体分子数减少的方向移动；反之，减小总压力，平衡向使气体分子数增多的方向移动。

需要说明的是：

(1)对于没有气体参加的反应，总压力对平衡的影响极小，可不予考虑。

(2)对于有气体参加但反应前后气体分子数不发生变化的反应，总压力对平衡没有影响。例如：

$$AgNO_3(l) + NaCl(l) \rightleftharpoons AgCl\downarrow(s) + NaNO_3(l)$$
$$CO(g) + H_2O(g) \rightleftharpoons H_2(g) + CO_2(g)$$

(三)温度对化学平衡的影响

温度对化学平衡的影响与反应的热效应密切相关。对于可逆反应，如果正反应吸热，则逆反应一定放热，并且吸热反应的活化能一定大于放热反应的活化能。由于活化能较大的反应在温度升高时反应速率增大得较多，因此，升高温度时，尽管可逆反应中正、逆反应速率都会增大，但吸热反应速率增大的幅度比放热反应要大，因此，反应就会进一步向放热反应方向进行，直到达到新的温度下的新的平衡，相比原平衡而言，平衡向吸热反应方向移动了；反之，降低温度，平衡将向放热反应方向移动。

下面以可逆反应 $2NO_2$(红棕色)$\rightleftharpoons N_2O_4$(无色)$+Q$(正反应放热)为例，通过实验现象来分析温度对化学平衡的影响。

如图 2-3 所示，将盛有达平衡的 NO_2 与 N_2O_4 混合气体的两烧瓶用导管相连，待两瓶内气体颜色相同后，从中间用夹子夹住，将两瓶分别放入热水和冰水中，观察瓶内颜色的变化，可见，放入热水中的颜色加深，说明生成了更多的 NO_2，即平衡向生成 NO_2 方向移动了；放入冰水中的颜色减淡，说明生成了更多的 N_2O_4，平衡向生成 N_2O_4 的方向移动了。

结论：对于达平衡的可逆反应，升高温度，平衡将向吸热反应方向移动；降低温度，平衡将向放热反应方向移动。

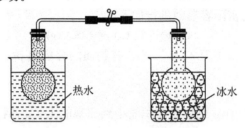

图 2-3　温度对化学平衡的影响

说明：温度对化学平衡的影响与浓度和总压力对化学平衡的影响有着本质的区别。浓度和总压力的变化不会改变平衡常数，而温度的变化却改变了平衡常数。

(四)催化剂对化学平衡的影响

催化剂能改变化学反应的活化能，正催化剂能降低反应的活化能。但催化剂是同时降低了正、逆反应的活化能，且降幅相等，使得正、逆反应速率同等地加快。因此，催化剂只能改变反应速率，正催化剂只能缩短反应达到平衡所需要的时间，而不能改变化学平衡的状态。

习　题

1. 研究指出下列反应在一定温度范围内为简单反应：

$$2NO(g) + Cl_2(g) \longrightarrow 2NOCl(g)$$

①写出该反应的速率方程；

②该反应的级数是多少？

③其他条件不变，如果将容器体积增大到原来的 2 倍，反应速率如何变化？

④如果容器体积不变而将 NO 的浓度增大到原来的 3 倍，反应速率又将怎样变化？

⑤若已知某瞬间，Cl_2 的浓度降低速率为 $0.003mol \cdot dm^{-3} \cdot s^{-1}$，分别写出用 NO 和 NOCl 在该项瞬间浓度的变化量表示的反应速率。

2. 某一化学反应的反应速率方程为 $v = Kc_A^{1/2}c_B^2$，若将反应物 A 的浓度增加到原来的 4 倍，则反应速率是原来的 _____ 倍，若将反应的总体积增加到原来的 4 倍，则反应速率为原来的 _____ 倍。

3. 人体内某一酶催化反应的活化能是 $50.0kJ \cdot mol^{-1}$。试计算发烧 40℃ 的病人与正常人 (37℃) 相比该反应的反应速率加快的倍数。

4. 在 301K 时，鲜牛奶大约 4h 变酸，但在 278K 冰箱内可保持 48h。假定反应速率与变酸时间成反比，试估算牛奶变酸反应的活化能。

5. 有下列平衡 $A(g)+2B(g)\rightleftharpoons 2C(g)$，假如在反应器中加入等物质的量的 A 和 B，在达到平衡时，总是正确的是（　　）。

A. [B]=[C]　　　 B. [A]=[B]　　　 C. [B]小于[A]　　　 D. [A]小于[B]

6. 已知反应 $A(g)+2B(l)\rightleftharpoons 4C(g)$ 的平衡常数 $K=0.123$，那么反应 $4C(g)\rightarrow A(g)+2B(l)$ 的平衡常数为（　　）。

A. 0.123　　　　 B. −0.123　　　　 C. 6.47　　　　 D. 8.13

7. 化学反应达到平衡的条件是（　　）。

A. 逆反应停止　　　　　　　　 B. 反应物与产物浓度相等

C. 反应不再产生热量　　　　　 D. 正、逆反应速度相等

8. 对于化学反应：$CaCO_3(s)\rightarrow CaO(s)+CO_2(g)$，其 K_c 表达式为（　　）。

A. $K_c=[CO_2]$　　　　　　　　 B. $K_c=\dfrac{[CaO][CO_2]}{[CaCO_3]}$

C. $K_c=\dfrac{[CaO]}{[CaCO_3]}$　　　　　　 D. $K_c=\dfrac{[CaCO_3]}{[CaO]}$

9. 反应 $SO_2(g)+2CO(g)\rightleftharpoons S(s)+2CO_2(g)$ 的平衡常数 K_c 与 K_p 之间的关系为（　　）。

A. $K_p=\dfrac{K_c}{RT}$　　　 B. $K_p=K_c$　　　 C. $K_p=K_cRT$　　　 D. $K_p=K_c(RT)^2$

10. 已知反应 $H_2O(g)\rightleftharpoons \dfrac{1}{2}O_2(g)+H_2(g)$ 在一定温度、压力下达到平衡。此后通入氦气，若保持反应的压力、温度不变，则：

A. 平衡向左移动　 B. 平衡向右移动　 C. 平衡保持不变　　 D. 无法预测

11. 简单反应 $O_2(g)+2CO(g)\rightleftharpoons 2CO_2(g)$ 是放热反应，试写出反应的速度方程式；平衡常数表达式；计算 K_p 与 K_c 之比。温度升高，计算 CO_2 的平衡浓度；增大体系的总压力，计算 CO_2 的平衡浓度。

12. 现有下列反应 $H_2(g)+CO_2(g)\rightleftharpoons H_2O(g)+CO(g)$ 在 1259K 达平衡。平衡时 $[H_2]=[CO_2]=0.44\ mol\cdot dm^{-3}$，$[H_2O]=[CO]=0.56\ mol\cdot dm^{-3}$，求此温度下的平衡常数及开始时 H_2 和 CO_2 的浓度。

13. CO_2 和 H_2 的混合气体加热到 1123K 时，可建立下列平衡：
$$CO_2(g)+H_2(g)\rightleftharpoons CO(g)+H_2O(g)$$

此温度下 $K_c=1$，假若平衡时有90%氢气变成了水，问二氧化碳和氢气原来是按什么样的物质的量之比互相混合的？

14. 已知下列反应的平衡常数：

$HCN\rightleftharpoons H^++CN^-$　　　　　　　 $K_1=4.9\times10^{-10}$

$NH_3+H_2O\rightleftharpoons NH_4^++OH^-$　　　 $K_2=1.8\times10^{-3}$

$H_2O\rightleftharpoons H^++OH^-$　　　　　　　 $K_w=1.0\times10^{-14}$

计算反应：$NH_3+HCN\rightleftharpoons NH_4^++CN^-$ 的平衡常数。

第**3**章

溶液与胶体

第一节　溶液的浓度

一、分散系的概念

在自然界和工农业生产中，经常会遇到一种或几种物质以较小的颗粒分散在另一种物质中，形成混合体系，这种体系我们称它为分散系。其中，被分散的物质称为分散质或分散相，分散其他物质的物质称为分散剂或分散介质。

根据分散质颗粒的大小，可将分散系分为粗分散系（悬浊液和乳浊液）、胶体分散系和分子分散系 3 类。

(一)粗分散系

分散质的颗粒直径大于 10^{-7} m，例如泥土分散在水中形成的泥浆即为粗分散系。粗分散系不均匀也不稳定，静置一段时间后就会沉淀（悬浊液）或分层（乳浊液）。

(二)胶体分散系

胶体分散系简称胶体，分散质的颗粒直径介于 10^{-7} m 与 10^{-9} m 之间，例如雾的分散系即为胶体。胶体的特性后面介绍。

(三)分子分散系

分散质的颗粒直径小于 10^{-9} m，例如 NaCl 溶液即为分子分散系。分子分散系均匀、稳定，长时间放置不会析出分散质。

溶液是一种物质以分子、原子或离子状态分散于另一种物质中所形成的均匀而稳定的体系，又称为分子溶液或真溶液。溶液的定义包括气体混合物、液态混合物和固态混合物（固溶体）。但通常所说的溶液是指液态溶液，若无特别说明，一般是指水溶液。

二、溶液浓度的表示方法

化学反应大多数是在溶液中进行的，在研究这类反应的数量关系时，必须要知道溶液中溶质和溶剂的相对含量。一定量溶液或溶剂中所含溶质的量称为溶液的浓度。常用于表示溶液的浓度的方法有以下几种：

（一）质量百分浓度（％）

溶质质量占溶液质量的百分数（％）。

$$质量百分浓度 = \frac{溶质的质量}{溶液的质量} \times 100\% \tag{3-1}$$

（二）物质的量浓度（c）

单位体积（L）溶液中所含溶质的物质的量（$mol \cdot dm^{-3}$）。

$$c = \frac{溶液的物质的量（mol）}{溶液的体积（dm^3）} \tag{3-2}$$

（三）质量摩尔浓度（m）

单位质量（kg）溶剂中所含溶质的物质的量（$mol \cdot kg^{-1}$）。

$$m = \frac{溶质的物质的量（mol）}{溶剂质量（kg）} \tag{3-3}$$

（四）物质的量分数（x）

溶液中某组分的物质的量与溶液中溶质和溶剂总物质的量之比。

$$x_A = \frac{n_A}{n_A + n_B} = \frac{n_A}{n_总} \tag{3-4}$$

（五）百万分浓度（ppm）

溶质质量占溶液质量的百万分数。

（六）十亿分浓度（ppb）

溶质质量占溶液质量的十亿分数。

在微量化学分析中常用到 ppm 和 ppb 浓度。

三、浓度的换算

同类浓度之间直接换算；不同类浓度之间需借助溶液的密度换算。

例 3-1 浓度为 98％ 的浓硫酸的密度是 $1.84\ g \cdot mL^{-1}$，求其质量摩尔浓度、物质的量浓度和物质的量分数。

解：（1）质量摩尔浓度

取溶液 1000g，则含纯硫酸 980g，水 20g

$$m = \frac{溶质的物质的量（mol）}{溶剂的质量（kg）} = \frac{980/98}{20/1000} = 500（mol \cdot kg^{-1}）$$

（2）物质的量浓度

取溶液 1L，则含纯硫酸为 $1 \times 1000 \times 1.84 \times 98\% = 1803（g）$

$$c = \frac{溶质的物质的量（mol）}{溶液体积（dm^3）} = \frac{1803/98}{1} = 18.4（mol \cdot dm^{-3}）$$

设溶液密度为 ρ，质量百分比浓度为 a，溶质的摩尔质量为 M，则其物质的量浓度为

$$c = \frac{1000\rho a}{M}$$

（3）物质的量分数

$$x_{硫酸} = \frac{n_{硫酸}}{n_{硫酸} + n_{水}} = \frac{\dfrac{980}{98}}{\dfrac{980}{98} + \dfrac{20}{18}} = 0.9$$

$$x_{水} = 1 - 0.9 = 0.1$$

第二节　稀溶液的依数性

不同的溶液有不同的性质，其取决于溶质和溶剂的本质，如颜色、气味、密度、电阻率等，这是溶液的个性。但对于难挥发的稀溶液来说，有一些共同的性质，即通性，如相比纯溶剂，溶液的蒸气压下降、沸点上升、凝固点下降及产生渗透压等，它们与溶质的本性无关，仅与溶液中溶质的数量有关。这一性质，称为稀溶液的依数性。

一、溶液的蒸气压下降

（一）液体的蒸气压

在密闭容器中，在纯溶剂的单位表面上，单位时间里，有 N_0 个分子蒸发到上方空间中。随着上方空间里溶剂分子个数的增加，密度的增加，分子就会凝聚，回到液相的机会也增加。当密度达到一定数值时，凝聚的分子的个数也达到 N_0 个。这时起，上方空间的蒸气密度不再改变，保持恒定。此时，蒸气的压强也不再改变，称为该温度下的饱和蒸气压，用 P^0 表示。

$$H_2O(l) \underset{凝结}{\overset{蒸发}{\rightleftharpoons}} H_2O(g)$$

例如，一定温度下，当蒸发与凝结速率相等时，气相和液相达到动态平衡，蒸汽的含量和压力保持一定，此时蒸汽的压力即为该温度下水的蒸汽压。

一定温度下，液体和它的蒸气处于平衡状态时，蒸气所具有的压力叫作该液体的饱和蒸气压，简称蒸气压，单位为 Pa 或 kPa。

蒸气压与物质的本性及温度有关。一般地，温度越高，液体的蒸气压越大；易挥发液体的蒸气压大（图 3-1，表 3-1）。

（二）溶液的蒸气压下降

当溶液中溶有难挥发的溶质时，则有部分溶液表面被这种溶质分子所占据，于是，在溶液中，单位表面在单位时间内蒸发的溶剂分子的数目就要减少。当达到气液平衡时，溶液的饱和蒸气压也就比纯溶剂时要小，即溶液的蒸气压比纯溶剂下降了 ΔP。

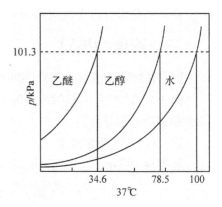

图 3-1　不同液体的蒸汽压与温度关系

表 3-1　不同温度下水的蒸汽压

T/K	p/kPa	T/K	p/kPa
273	0.6106	333	19.9183
283	1.2279	343	35.1574
293	2.3385	353	47.3426
303	4.2423	363	70.1001
313	7.3754	373	101.3247
323	12.3336	423	476.0262

(三)拉乌尔定律

一定温度下，难挥发非电解质稀溶液的蒸气压下降的数值，与溶质的物质的量分数成正比，而与溶质的本性无关，其比例常数就是该温度下纯溶剂的蒸气压。

$$\Delta P = P^0 \cdot x_B \tag{3-5}$$

P^0 为纯溶剂的蒸气压，x_B 为溶质的物质的量分数。

例 3-2　已知 293K 时水的饱和蒸汽压为 2.338kPa，将 6.840g 蔗糖($C_{12}H_{22}O_{11}$)溶于 100.0g 水中，计算蔗糖溶液的质量摩尔浓度和蒸汽压。

解：$m = \dfrac{6.840g}{342.0g \cdot mol^{-1}} \times \dfrac{1000}{100.0} = 0.2mol \cdot kg^{-1}$

$x_B = \dfrac{6.840/342.0}{100.0/18 + 6.840/342.0} = 0.0036$

$\Delta P = P^0 x_B = 2338\ Pa \times 0.0036 = 8.4Pa$

$P = P^0 - \Delta P = 2338 - 8.4 = 2329.6Pa$

二、溶液的沸点上升和凝固点下降

(一)液体沸点和凝固点

液体表面的气化现象称为蒸发，而液体表面和内部同时汽化的现象则称为沸腾。只有当液体的饱和蒸气压和外界大气的压强相等时，液体的汽化才能在表面和内部同时发生。液体沸腾过程中的温度即为该液体的沸点。

液体凝固成固体(严格说是晶体)是在一定温度下进行的，这个温度称为凝固点。凝固点的实质是，在这个温度下，液体和固体的饱和蒸气压相等。

(二)溶液的沸点升高和凝固点下降

如图 3-2，以物质的饱和蒸气压 P 对温度 T 作图。随着温度的升高，冰、水、溶液的饱和蒸气压都升高。在同一温度下，溶液的饱和蒸汽压低于 H_2O 的饱和蒸汽压。

在 373K 时，水的饱和蒸汽压等于外界大气压强($1.013 \times 10^5 Pa$)，故 373K 是 H_2O 的沸点。在该温度下，溶液的饱和蒸汽压小于外界大气压强，溶液未达到沸点。只有当温度达到 T_1 时($T_1 > 373K$)，溶液的饱和蒸汽压才达到外界大气压强，才沸腾。可见，由于溶液的饱和蒸汽压的下降，导致沸点升高，即溶液的沸点高于纯水。

在冰线和水线的交点处，冰和水的饱和蒸汽压相等，此点的温度为 273K，$P \approx$

613Pa，是 H_2O 的凝固点，即冰点。在此温度时，溶液饱
和蒸气压低于冰的饱和蒸汽压，即：$P(冰) > P(溶)$。当两
种物质共存时，冰要融化。或者说，溶液此时尚未达到凝
固点，只有降温到 T_2 时，冰线和溶液线相交，即：$P(冰)$
$= P(溶液)$，溶液开始结冰，达到凝固点，$T_2 < 273K$，即
溶液的凝固点下降，比纯水低。即溶液的蒸汽压下降，导
致其冰点下降。

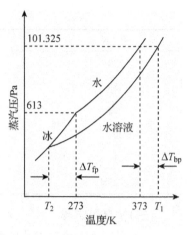

从上面讨论可以得出，溶液沸点升高和凝固点下降都
是由于溶液蒸汽压下降引起的（表 3-2）。根据拉乌尔定律，
对于难挥发非电解质的稀溶液，沸点升高的值 ΔT_{bp} 或凝固
点下降的值 ΔT_{fp} 都和溶液质量摩尔浓度成正比：

$$\Delta T_{bp} = K_{bp} \cdot m \qquad (3\text{-}6)$$

图 3-2　水和溶液的饱和蒸汽压图

$$\Delta T_{fp} = K_{fp} \cdot m \qquad (3\text{-}7)$$

式中，K_{bp} 为溶剂的沸点上升常数，K_{fp} 为溶剂的凝固点下降常数，m 为质量摩尔浓度
（$mol \cdot kg^{-1}$），温度单位为热力学温度（K）。

表 3-2　常见溶剂的沸点上升常数与凝固点下降常数

溶剂	沸点/K	K_{bp}	凝固点/K	K_{fp}
水	373.15	2.93	273.15	1.86
苯	353.2	2.53	278.4	5.12
氯仿	334.2	3.63	—	—
萘	491.2	5.8	353	6.8
醋酸	391.1	2.93	290	9.9

公式说明：

(1) K_{bp}、K_{fp} 与温度和溶剂种类有关，与溶质种类无关。

(2) 对于凝固点下降，溶质可以是挥发性的；对于沸点上升，溶质必须是难挥发的。

(3) 对于电解质溶液，m 是指溶质分子和电离出的正、负离子的总浓度。

(三)溶液的沸点上升和凝固点下降的应用

利用溶液的沸点上升和凝固点下降，可以测定溶质的分子量。虽然理论上沸点升高和
凝固点降低两种方法都可测量分子量，可是凝固点降低不起破坏作用，且 K_{fp} 值较大，故
常用。

例 3-3　纯苯的凝固点为 278.4K，0.322g 萘溶于 80g 苯所制成的溶液的凝固点为
278.24K，求萘的摩尔质量。

解：
$$\Delta T_{fp} = K_{fp} \cdot m$$

$$m = \frac{\Delta T_{fp}}{K_{fp}} = \frac{278.4 - 278.24}{5.12} = 0.0313(mol \cdot kg^{-1})$$

$$M = \frac{0.322}{0.0313} \times \frac{1000}{80} = 129(g \cdot mol^{-1})$$

即萘的摩尔质量为 $129g \cdot mol^{-1}$。

溶液的凝固点下降具有广泛的应用。在严寒的冬天里，汽车水箱中加入甘油或乙二醇等物质以防止水箱结冰；用食盐和冰水作制冷剂，可达$-22℃$的低温；用 $CaCl_2$ 和冰的混合物，可以获得$-55℃$的低温；用 $CaCl_2$、冰和丙酮的混合物，可以制冷到$-70℃$以下。

三、溶液的渗透压

(一)渗透现象和渗透压

如图 3-3 装置，烧杯中为纯溶剂(水)，长颈漏斗中为水溶液，将水溶液和纯水用半透膜隔开，使膜两面的液面在同一水平线上。过一段时间可见，溶液一面的液面上升至一定高度。改用同种物质的两种不同浓度的溶液。较浓溶液的一面也不断上升。这说明水分子透过半透膜进入溶液或者从稀溶液进入浓溶液的一面，这种溶剂分子透过半透膜进入溶液或者从稀溶液进入浓溶液的自发过程称为渗透。

半透膜是一种具有选择性的薄膜，只允许某些物质透过而不允许其他物质透过。火棉胶膜、玻璃纸、动植物细胞膜、毛细血管壁等物质都具有半透膜的性质。上面所举的例子中溶质分子不能透过半透膜，而水分子则自由通过，由于膜的两侧水的摩尔分数不等，所以单位时间内从纯水进入溶液的水分子数要比从溶液进入纯水的多，因此出现渗透现象。然而随着渗透的进行，单位时间内进、出的水分子数目渐趋接近，一旦相等时，体系建立渗透平衡，此时阻止溶剂进入溶液的压力称为溶液的渗透压。渗透压可以用膜两面的液面高度差 h 所产生的压力来量度。即溶液的渗透压在数值上等于渗透达到平衡时液面高度所产生的静水压。

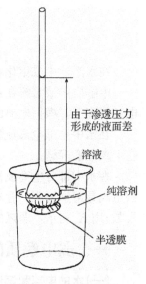

由于渗透压力形成的液面差

溶液

纯溶剂

半透膜

图 3-3　溶液的渗透

(二)溶液的渗透压力与浓度及温度的关系

任何溶液都有渗透压，但是，都要借助于半透膜才能表现出来。通过实验发现，当温度一定时，稀溶液的渗透压 P 和溶质的物质的量浓度 c 成正比；当浓度不变时，稀溶液的渗透压 P 和热力学温度 T 成正比，即：

$$P = cRT \tag{3-8}$$

式中，P 为渗透压，单位为 Pa；c 为溶质的物质的量浓度；R 为摩尔气体常数；T 为热力学温度。

此式表明稀溶液渗透压也和溶质的含量有关而和溶质本性无关。

(三)溶液渗透压的作用

溶液的渗透压在生物学中有很重要的作用，植物细胞汁的渗透压可高达 $2.0 \times 10^7 Pa$，土壤中水分通过这种渗透作用，送到树梢。鲜花插在水中，可以数日不萎缩，海水中的鱼不能在淡水中生活，都与渗透压有关。给病员补液，特别是大量补液常常用等渗溶液(就是渗透压与人体血液的渗透压相等的溶液。人体的血液，在 310 K 时，渗透压约为 $7.7 \times 10^5 \sim 7.8 \times 10^5$ Pa)。

工业上常常利用渗透的对立面——反渗透来为人类服务。所谓反渗透，就是在溶液上加一个额外的压力，如果这个压力超过了溶液的渗透压，那么溶液中的溶剂分子就会透过半透膜向纯溶剂一方渗透，使溶剂体积增加，这一过程叫作反渗透。

反渗透原理在工业废水处理、海水淡化、浓缩溶液等方面都有广泛应用。用反渗透法来淡化海水所需要的能量仅为蒸馏法的30%，目前已成为一些海岛、远洋客轮、某些缺少饮用淡水的国家获得淡水的方法。反渗透法处理无机废水，去除率可达90%以上，有的竟高达99%。对于含有机物的废水，有机物的去除率也在80%以上。

作为反渗透的物质有醋酸纤维素膜、尼龙66、聚砜酰胺膜，以及氢氧化铁、硅藻土制成的新型超过滤膜等。

第三节　电解质溶液

在水溶液中或熔化状态下能导电的化合物称为电解质。

电解质溶液溶解在水中后，其溶液所以能导电，是因为电解质溶液在水中全部或部分电离成离子。根据电离的程度，电解质可分为强电解质和弱电解质两大类。

在水中全部电离成离子的为强电解质，如 H_2SO_4、$NaCl$、$AgNO_3$ 等。强电解质不存在电离平衡问题。

在水中部分电离成离子的为弱电解质，如 H_2CO_3、HAc、$NH_3 \cdot H_2O$ 等。弱电解质的电离是可逆过程，存在电离平衡，服从化学平衡原理。弱酸的电离平衡常数（简称电离常数）用 K_a 表示，弱碱的电离常数用 K_b 表示。

一、弱电解质的电离平衡

(一)水的电离和溶液的 pH 值

1. 水的电离

纯水中也存在着电离平衡：$H_2O \rightleftharpoons H^+ + OH^-$，且水电离出的 $[H^+]$ 和 $[OH^-]$ 相等，其乘积叫水的离子积，用 K_w 表示，即 $K_w = [H^+][OH^-]$。实验测得，25℃时，水电离的 $[H^+] = [OH^-] = 10^{-7} mol \cdot dm^{-3}$，则：$K_w = [H^+][OH^-] = 10^{-14}$。

水的离子积是一个只与温度有关，而与溶液的酸碱性及浓度无关的常数，在任何物质的水溶液中都存在着水的电离，且温度不变时水的离子积常数不变。

水的离子积常数随着温度的升高而增大，100℃时 $K_w = 10^{-12}$。

2. 溶液的酸碱性

无论是在酸性溶液中还是在碱性溶液中都同时存在 H^+ 和 OH^-，且常温下其乘积是 10^{-14}。

溶液的酸碱性与溶液中的 $[H^+]$ 和 $[OH^-]$ 相关，在常温下，溶液的酸碱性与 H^+ 和 OH^- 浓度的关系如下：

中性溶液：$[H^+] = [OH^-] = 1 \times 10^{-7} mol \cdot L$

酸性溶液：$[H^+] > [OH^-]$，$[H^+] > 1 \times 10^{-7} mol \cdot dm^{-3}$

碱性溶液：$[H^+] < [OH^-]$，$[H^+] < 1 \times 10^{-7} mol \cdot dm^{-3}$

拓展阅读

酸碱质子理论（Bronsted-Lowry 酸碱质子论，布朗斯特-劳里酸碱理论）是丹麦化学家布朗斯特和英国化学家汤马士·马丁·劳里于 1923 年各自独立提出的一种酸碱理论。该理论认为：凡是可以释放质子（氢离子，H^+）的分子或离子为酸（布朗斯特酸），凡是能接受氢离子的分子或离子则为碱（布朗斯特碱）。

当一个分子或离子释放氢离子，同时一定有另一个分子或离子接受氢离子，因此酸和碱会成对出现。酸碱质子理论可以用以下反应式说明：

$$酸 + 碱 \Longleftrightarrow 共轭碱 + 共轭酸$$

酸在失去一个氢离子后，变成共轭碱；而碱得到一个氢离子后，变成共轭酸。以上反应可以正反应或逆反应的方式来进行，不过不论是正反应或逆反应，均维持以下的原则：酸将一个氢离子转移给碱。

在上式中，酸和其对应的共轭碱为一组共轭酸碱对。而碱和其对应的共轭酸也是一组共轭酸碱对。在这里，酸和碱具有同一性，互为存在条件，在一定条件下又朝着与自己相反的方向转化。

3. 溶液的 pH 值

当溶液中$[H^+]$或$[OH^-]$较小（小于 $1mol \cdot dm^{-3}$）时，用$[H^+]$或$[OH^-]$表示溶液的酸碱性就显得不方便，此时，用 pH 值来表示溶液的酸碱性就比较直观方便。

$$pH = -\lg[H^+] \tag{3-9}$$

表示溶液酸碱性的 pH 值范围为 0～14，当 pH＝7 时，溶液为中性；当 pH＜7 时，溶液为酸性，越小，酸性越强；当 pH＞7 时，溶液为碱性，越大，碱性越强。

为了方便，有时用 $pOH = -\lg[OH^-]$ 来表示溶液的碱性，显然，常温下

$$pH + pOH = 14 \tag{3-10}$$

(二)一元弱电解质的电离平衡

1. 一元弱酸的电离

醋酸（CH_3COOH，也可简写为 HAc）是一个典型的一元弱酸，在醋酸溶液中，存在如下电离平衡：

$$CH_3COOH \Longleftrightarrow CH_3COO^- + H^+$$

$$K_a = \frac{[H^+][CH_3COO^-]}{[CH_3COOH]}$$

25℃时，醋酸的 $K_a = 1.76 \times 10^{-5}$。

设 CH_3COOH 起始浓度为 c，达电离平衡时，电离量为 $x(mol \cdot dm^{-3})$

$$CH_3COOH \Longleftrightarrow CH_3COO^- + H^+$$

起始浓度：　　　c　　　　　0　　　　　0

平衡浓度：　　$c-x$　　　　　x　　　　　x

$$K_a = \frac{[H^+][Ac^-]}{[HAc]} = \frac{x^2}{c-x} \approx \frac{x^2}{c}$$

（因 K_a 很小，$x \ll c$，$c-x \approx c$）

$$\therefore \quad [H^+] = x \approx \sqrt{c \cdot K_a} \tag{3-11}$$

如把溶液中已电离的溶质分子数占原溶质分子总数的百分比叫作弱电解质的电离度（用 α 表示），则

$$\alpha = \frac{电离的量}{起始的量} = \frac{x}{c} = \sqrt{\frac{K_a}{c}} \tag{3-12}$$

由式(3-12)可知，弱电解质的电离度与电解质浓度的平方根成反比，此即溶液的稀释定律。

注意，电离度与溶液的浓度有关，而电离常数与化学平衡常数一样，只与温度有关。

为方便计算，定义 $pK_a = -lgK_a$，$pK_b = -lgK_b$。常见弱电解质的 K_a、K_b 及 pK_a、pK_b 见书后附表。

2. 一元弱碱的电离

氨水($NH_3 \cdot H_2O$)是一个典型的一元弱碱，在氨水溶液中，存在如下电离平衡：

$$NH_3 \cdot H_2O \Longrightarrow NH_4^+ + OH^-$$

$$K_b = \frac{[NH_4^+][OH^-]}{[NH_3 \cdot H_2O]}$$

设 $NH_3 \cdot H_2O$ 的起始浓度为 c，同理

$$[OH^-] = \sqrt{K_b \cdot c} \tag{3-13}$$

例 3-4   计算 $0.1 mol \cdot dm^{-3}$ HAc 溶液中的 H^+、Ac^- 离子浓度和溶液的 pH、pOH 值及 HAc 的电离度。(HAc 的 $K_a = 1.8 \times 10^{-5}$)

解：

$$[H^+] = [Ac^-]$$
$$= \sqrt{cK_a}$$
$$= \sqrt{0.1 \times 1.8 \times 10^{-5}}$$
$$= 1.34 \times 10^{-3} (mol \cdot dm^{-3})$$
$$pH = -lg[H^+] = -lg(1.34 \times 10^{-3}) = 2.87$$
$$pH + pOH = 14$$
$$pOH = 14 - 2.87 = 11.13$$
$$\alpha = \frac{1.34 \times 10^{-3}}{0.1} \times 100\% = 1.34\%$$

(三) 多元弱电解质的电离平衡

多元弱电解质在水溶液中的电离是分步进行的，即其中的 H^+ 或 OH^- 依次一个一个地电离出来。以 H_2CO_3 为例来讨论。

第一步电离 $H_2CO_3 \Longrightarrow HCO_3^- + H^+$

$$K_{a_1} = \frac{[HCO_3^-][H^+]}{[H_2CO_3]} = 4.30 \times 10^{-7}$$

第二步电离 $HCO_3^- \Longrightarrow CO_3^{2-} + H^+$

$$K_{a_2} = \frac{[CO_3^{2-}][H^+]}{[HCO_3^-]} = 5.61 \times 10^{-11}$$

从两步的电离常数的数值可以看出，第二步电离要比第一步电离小得多。这是因为带两个负电荷的 CO_3^{2-} 对 H^+ 的吸引能力要比带一个负电荷的 HCO_3^- 强的多，且第一步电离

出来的 H^+ 对第二步的电离产生抑制作用。因此，任何多元弱电解质的下一步电离都要比其上一步电离困难得多。在计算多元弱酸或多元弱碱溶液的 $[H^+]$ 或 $[OH^-]$ 时，可以只考虑第一步电离，即 $[H^+]=\sqrt{K_{a_1} \cdot c}$ 或 $[OH^-]=\sqrt{K_{b_1} \cdot c}$。

例 3-5　硫化氢饱和溶液中 H_2S 的浓度为 $0.10 mol \cdot dm^{-3}$，计算该溶液中 H^+、OH^-、S^{2-} 离子的浓度和溶液的 pH 值。

解：(1)设电离出的 $[H^+]$ 为 x $mol \cdot dm^{-3}$，按一级电离

$$H_2S \Longrightarrow H^+ \quad + \quad HS^-$$

平衡浓度　　　　　　　　$0.1-x$　　　x　　　　x

$$K_{a_1}=\frac{[H^+][HS^-]}{[H_2S]}=\frac{x^2}{0.10-x}=9.1\times10^{-8}$$

由于 K_{a_1} 值很小，所以 $0.10-x\approx0.10$，则

$$\frac{x^2}{0.10}\approx9.1\times10^{-8}$$

$$x=9.54\times10^{-5}$$

$$[H^+]=[HS^-]=9.54\times10^{-5} \ mol \cdot dm^{-3}$$

实际上，HS^- 离子还要继续电离，$[H^+]$ 应略大于 $9.54\times10^{-5} mol \cdot dm^{-3}$，而 $[HS^-]$ 略小于 $9.54\times10^{-5} \ mol \cdot dm^{-3}$。但由于 K_{a_2} 值很小，HS^- 离子继续电离的电离度很小，H^+ 和 HS^- 离子的浓度不会因 HS^- 离子的继续电离而有明显改变，所以

$$pH=-lg[H^+]\approx-lg(9.54\times10^{-5})=4.02$$

$$pOH=14-pH=9.98$$

(2)设 $[S^{2-}]$ 为 y $mol \cdot dm^{-3}$，按二级电离

$$HS^- \quad \Longrightarrow \quad H^+ \quad + \quad S^{2-}$$

平衡浓度 $9.54\times10^{-5}-y$　　$9.54\times10^{-5}+y$　　　y

$$K_{a_2}=\frac{[H^+][S^{2-}]}{[HS^-]}=\frac{(9.54\times10^{-5}+y)y}{9.54\times10^{-5}-y}=1.1\times10^{-12}$$

因 K_{a_2} 值很小，所以 $9.54\times10^{-5}\pm y\approx9.54\times10^{-5}$，则

$y=1.1\times10^{-12}$ 即：$[S^{2-}]\approx1.1\times10^{-12}$

由此可见，对于二元弱酸而言，酸根离子的浓度近似等于第二级电离常数。依此类推，多元弱酸的酸根离子浓度近似等于其最后一级电离常数；溶液中的 $[H^+]$ 可按第一级电离计算，比较多元弱酸的酸性强弱时，可根据它们的第一级电离常数就可以了。

上述二元弱酸的两步电离，实际上是在同一溶液中同时存在的两个平衡，因此将两级电离常数相乘，可得如下关系式：

$$K_{a_1} \cdot K_{a_2}=\frac{[H^+][HS^-]}{[H_2S]}\times\frac{[H^+][S^{2-}]}{[HS^-]}$$

即：

$$K_{a_1} \cdot K_{a_2}=\frac{[H^+]^2[S^{2-}]}{[H_2S]}$$

上式表明，在 H_2S 水溶液中 $[S^{2-}]$ 与 $[H^+]$ 的平方成反比。利用上式可以计算在 H_2S 水溶液中加入酸时溶液中的 $[S^{2-}]$。

例 3-6 在 $0.3 \ mol \cdot dm^{-3} HCl$ 溶液中通入 H_2S 气体至饱和(饱和 H_2S 浓度为 $0.1 \ mol \cdot dm^{-3}$),求溶液中 $[S^{2-}]$。

解:设 $[S^{2-}] = x \ mol \cdot dm^{-3}$

$$K_{a_1} \cdot K_{a_2} = \frac{[H^+]^2 [S^{2-}]}{[H_2S]}$$

$$1.0 \times 10^{-19} = \frac{0.3^2 x}{0.1}$$

$$x = 1.1 \times 10^{-19} (mol \cdot dm^{-3})$$

二、同离子效应与缓冲溶液

(一)同离子效应

弱电解质的电离平衡和其他化学平衡一样,当改变平衡体系的外界条件时,会引起电离平衡的移动,其移动规律符合化学平衡移动规律。

如在弱电解质 HAc 溶液中,加入强电解质 NaAc,由于 NaAc 全部离解成 Na^+ 和 Ac^-,使溶液中 Ac^- 浓度增加,HAc 的离解平衡向左移动,使溶液中 $c(H^+)$ 减小,从而降低了 HAc 的电离度。

$$HAc \Longrightarrow H^+ + Ac^-$$
$$NaAc = Na^+ + Ac^-$$

这种在弱电解质溶液中,加入与弱电解质具有相同离子的强电解质,使弱电解质解离平衡向左移动,从而使弱电解质的电离度降低的现象叫作同离子效应。

计算氨水中加入氯化铵后溶液中的 $[OH^-]$:

解: $NH_3 \cdot H_2O \ \Longrightarrow \ NH_4^+ \ + \ OH^-$

未加 NH_4Cl 时: $c_{弱碱} - x$ x x

加入 NH_4Cl 时: $c_{弱碱} - x'$ $c_{弱碱盐} + x'$ x'

$$K_b = \frac{[NH_4^+][OH^-]}{[NH_3]} = \frac{(c_{弱碱盐} + x')x'}{c_{弱碱} - x'} \approx \frac{c_{弱碱盐}}{c_{弱碱}} x'$$

$$[OH^-] = x' = K_b \frac{c_{弱碱}}{c_{弱碱盐}}$$

同理,在 HAc 中加入 NaAc

$$[H^+] = K_a \frac{c_{弱酸}}{c_{弱酸盐}}$$

例 3-7 设溶液中同时含有 HAc 和 NaAc,它们的浓度都是 $0.1 \ mol \cdot dm^{-3}$,求溶液 H^+ 离子浓度、pH 值和 HAc 的电离度,并与没有同离子效应时相比较。

解:

$$[H^+] = K_a \frac{c_{弱酸}}{c_{弱酸盐}}$$

$$= 1.8 \times 10^{-5} \times \frac{0.1}{0.1}$$

$$= 1.8 \times 10^{-5} (mol \cdot dm^{-3})$$

$$pH = -\lg[H^+] = -\lg(1.8 \times 10^{-5}) = 4.74$$

$$\alpha = \frac{电离的量}{起始的量} \times 100\%$$

$$= \frac{1.8 \times 10^{-5}}{0.1} \times 100\% = 0.018\%$$

由例 3-4 可知，$0.1\text{mol} \cdot \text{dm}^{-3}$ HAc 溶液的 pH＝2.87，电离度是 1.34％，可见同离子效应对弱电解质电离度的影响之大。

(二)缓冲溶液

1. 缓冲溶液的概念

先分析一组实验数据，见表 3-3。

表 3-3　缓冲溶液与非缓冲溶液的比较实验

pH 值	$1.8 \times 10^{-5}\text{mol} \cdot \text{dm}^{-3}$ HCl	$0.10\text{mol} \cdot \text{dm}^{-3}$ HAc — $0.10 \text{mol} \cdot \text{dm}^{-3}$NaAc
1.0L 溶液	4.74	4.74
加 0.010 mol NaOH 后	12	4.83
加 0.010 mol HCl 后	2	4.66

在稀盐酸($1.8 \times 10^{-5}\text{mol} \cdot \text{dm}^{-3}$)溶液中，加入少量 NaOH 或 HCl，pH 有较明显的变化，说明这种溶液不具有保持 pH 值相对稳定的性能。但在 HAc—NaAc 组成的混合溶液中，加入少量的强酸或强碱，溶液的 pH 值改变很小。这种能够抵抗外加少量的酸、碱或稀释而保持溶液的酸度或 pH 值基本不变的溶液叫缓冲溶液。

2. 缓冲溶液的组成

能够组成缓冲溶液的组合类型主要有以下几种：

(1)弱酸及其弱酸盐，如 HAc—NaAc；

(2)弱碱及其弱碱盐，如 $NH_3 \cdot H_2O$—NH_4Cl；

(3)多元弱酸的组合，如 $NaHCO_3$—Na_2CO_3，H_2CO_3—$NaHCO_3$ 等。

3. 缓冲溶液的 pH 值计算

对于由弱酸和弱酸盐、弱碱和弱碱盐组成的缓冲溶液，缓冲作用是以酸、碱的电离平衡为特征的，则缓冲溶液的 pH 值必然与电离平衡常数相关联。根据同离子效应计算 $[H^+]$ 和 $[OH^-]$ 公式，可以得出由弱酸和弱酸盐以及弱碱和弱碱盐组成的缓冲溶液的 pH 和 pOH 的计算公式：

$$pH = pK_a - \lg \frac{c_{弱酸}}{c_{弱酸盐}} \tag{3-14}$$

$$pOH = pK_b - \lg \frac{c_{弱碱}}{c_{弱碱盐}} \tag{3-15}$$

例 3-8 设某缓冲溶液的组成是 $1.0\text{mol} \cdot \text{dm}^{-3}$ 的 NH_4Cl 和 $1.0\text{mol} \cdot \text{dm}^{-3}$ 的 $NH_3 \cdot H_2O$。计算：(1)缓冲溶液的 pH 值；(2)将 1.0mL $1.0\text{mol} \cdot \text{dm}^{-3}$ 的 NaOH 加入到 50mL 上述缓冲溶液中所引起的 pH 值变化；(3)将同量的 NaOH 加入到 50mL 纯水中所引起的 pH 值变化。

解：(1)弱碱—弱碱盐缓冲体系

$$\text{pOH} = \text{p}K_b - \lg \frac{c_{弱碱}}{c_{弱碱盐}}$$

$$= -\lg(1.77 \times 10^{-5}) - \lg \frac{1.0}{1.0}$$

$$= 4.74$$

$$\text{pH} = 14 - \text{pOH} = 14 - 4.74 = 9.26$$

（2）1.0mL 1.0mol·dm⁻³的 NaOH 加入到 50mL 缓冲溶液中

$$\text{NH}_4\text{Cl} + \text{NaOH} = \text{NH}_3 \cdot \text{H}_2\text{O} + \text{NaCl}$$

$$[\text{NH}_3] = \frac{50 \times 1.0 + 1.0 \times 1.0}{50 + 1} = 1.0 \text{mol} \cdot \text{dm}^{-3}$$

$$[\text{NH}_4^+] = \frac{50 \times 1.0 - 1.0 \times 1.0}{50 + 1} = 0.96 \text{mol} \cdot \text{dm}^{-3}$$

$$\text{pOH} = \text{p}K_b - \lg \frac{c_{弱碱}}{c_{弱碱盐}}$$

$$= -\lg(1.77 \times 10^{-5}) - \lg \frac{1.0}{0.96}$$

$$= 4.72$$

$$\text{pH} = 14 - \text{pOH} = 14 - 4.72 = 9.28$$

（3）1.0mL 1.0mol·dm⁻³的 NaOH 加入到 50mL 纯水中

$$[\text{OH}^-] = \frac{1.0 \times 1.0}{50 + 1} = 0.02 (\text{mol} \cdot \text{dm}^{-3})$$

$$\text{pH} = 12.3$$

由上例计算结果可知，在缓冲溶液中加入 NaOH，pH 值由 9.26 增大到 9.28，只改变了 0.02 个单位；而同量的 NaOH 加入同量的水中则 pH 值由 7.00 增大到 12.30，改变了 5.30 个单位，可见缓冲溶液的缓冲作用。

4. 缓冲溶液的缓冲能力

缓冲溶液的缓冲能力是有限的。分析化学中定义：使缓冲溶液的 pH 值改变 1.0 所需的强酸或强碱的量，称为缓冲能力。当 $\frac{c_{弱酸}}{c_{弱酸盐}}$ 或 $\frac{c_{弱碱}}{c_{弱碱盐}}$ 接近 1 时，缓冲能力最强；当 $\frac{c_{弱酸}}{c_{弱酸盐}}$ 或 $\frac{c_{弱碱}}{c_{弱碱盐}}$ 在 0.1～10 之间时，缓冲作用有效，此范围叫作缓冲范围。

5. 缓冲溶液的配制

根据以下原则选择缓冲溶液的组成：

（1）缓冲溶液的 pH 值应在要求的范围内。

（2）缓冲溶液除了 H⁺ 或 OH⁻ 离子参与反应外，不能与反应系统中的其他物质发生副反应。

（3）选择的弱酸或弱碱的 $\text{p}K_a$ 或 $\text{p}K_b$ 应尽可能接近缓冲溶液的 pH 或 pOH 值。

例 3-9 欲配制 250mLpH 等于 5.00 的缓冲溶液，请问在 12.0mL 6.00mol·dm⁻³ HAc 溶液中应加入固体 NaAc·3H₂O 多少克？

解：
$$pH=pK_a-\lg\frac{c_{弱酸}}{c_{弱酸盐}}$$

$$5.00=4.75-\lg\frac{\dfrac{12.0}{250}\times6.00}{c_{NaAc}}$$

$$\lg c_{NaAc}=-0.291$$

$$c_{NaAc}=0.512\ mol\cdot dm^{-3}$$

所以应加入 $NaAc\cdot3H_2O$ 的质量为
$$\frac{250}{1000}\times c_{NaAc}M_{NaAc}=\frac{250}{1000}\times0.512\times136=17.4(g)$$

6. 缓冲溶液的应用

缓冲溶液除了在科学实验和化工生产中有广泛的应用外，在生理上也具有重要的意义。人体内各种体液的 pH 值均被控制在一狭小的范围内，如血液中的血浆 pH 值在 7.4 左右；而红血球中缓冲体系的 pH 值在 7.25 左右。这些 pH 值离开正常值则可能引起肌体内许多功能的失调。在刑事科学技术中，如法医在物证检验和毒物分析中的毒物提取等常常要求在某一 pH 值范围内进行。因此，对于刑技工作者来说，理解缓冲溶液基本原理和掌握这方面的实验知识具有重要的意义。

三、盐类的水解

水溶液的酸碱性主要取决于溶液中 H^+ 和 OH^- 的浓度，像 NaAc、NH_4Cl、Na_2CO_3 这样的物质在水溶液中既不电离出 H^+ 也不电离出 OH^-，其水溶液应该呈中性，但实际情况却不是这样。

实验测得，强酸强碱形成的盐，如 NaCl，水溶液是中性的；强酸弱碱形成的盐，水溶液呈酸性，如 $0.1\ mol\cdot dm^{-3}NH_4Cl$ 水溶液的 pH 值约为 5；强碱弱酸形成的盐，水溶液呈碱性，如 $0.1\ mol\cdot dm^{-3}Na_2CO_3$ 水溶液的 pH 值约为 11。

强酸弱碱盐和强碱弱酸盐溶液显酸性和碱性，是因为这两种盐溶于水时，盐的离子与水电离出来的 H^+ 或 OH^- 离子作用，生成了弱酸或弱碱，引起了水的电离平衡发生移动，改变了溶液中 H^+ 和 OH^- 的相对浓度，所以溶液就不是中性的了。

盐的离子与溶液中水电离出的 H^+ 或 OH^- 作用产生弱电解质的反应叫盐的水解。

(一)弱酸强碱盐的水解

以 NaAc 为例，它在水中存在如下平衡：

$$
\begin{array}{c}
NaAc \longrightarrow Ac^- + Na^+ \\
+ \\
H_2O \Longleftrightarrow H^+ + OH^- \\
\Updownarrow \\
HAc
\end{array}
$$

在 NaAc 溶液中同时存在着水的电离平衡和弱酸的电离平衡，即有：

$$K_w=[H^+][OH^-]$$

$$K_a=\frac{[H^+][Ac^-]}{[HAc]}$$

溶液中[H$^+$]必然满足两个平衡的要求，则两式相除，得

$$\frac{[OH^-][HAc]}{[Ac^-]}=\frac{K_w}{K_a}=K_h$$

K_h叫作水解常数，其大小表示盐水解程度的大小。

将上述水解过程用一个公式表示，即盐的水解化学方程式：

$$NaAc+H_2O \Longrightarrow HAc+NaOH$$

用离子方程式表示为：

$$Ac^-+H_2O \Longrightarrow HAc+OH^-$$

由盐的水解化学方程式可见，盐的水解实际上可看作是酸碱中和反应的逆反应。

对于一元弱酸强碱盐的水解常数为：

$$K_h=\frac{K_w}{K_a}$$

多元弱酸强碱盐的水解比较复杂，它们的水解过程与多元弱酸的电离相似，也是分步进行的。以 Na_2CO_3 为例：

第一步水解：$CO_3^{2-}+H_2O \Longrightarrow HCO_3^-+OH^-$

第二步水解：$HCO_3^-+H_2O \Longrightarrow H_2CO_3+OH^-$

第二步水解程度比第一步要小得多。由于这两个过程的进行，溶液中[H$^+$]下降，使水的电离平衡向右移动，直到溶液中达到上述两个平衡时为止。两步水解平衡的水解常数分别是：

$$K_{h_1}=\frac{[OH^-][HCO_3^-]}{[CO_3^{2-}]}=\frac{K_w}{K_{a_2}}=\frac{1.0\times10^{-14}}{5.6\times10^{-11}}=1.8\times10^{-4}$$

$$K_{h_2}=\frac{[OH^-][H_2CO_3]}{[HCO_3^-]}=\frac{K_w}{K_{a_1}}=\frac{1.0\times10^{-14}}{4.3\times10^{-7}}=2.3\times10^{-8}$$

由此可见，Na_2CO_3 的 $K_{h_1}>K_{h_2}$，这说明第一步水解的程度要比第二步水解的程度大得多，也就是说，第一步水解是主要的，在计算这类盐的 pH 值时，可以忽略第二步水解。

例 3-10　计算 0.1 mol·dm^{-3}NaHCO$_3$溶液和 0.1 mol·dm^{-3}Na$_2$CO$_3$溶液的 pH 值。

解：

(1)$HCO_3^-+H_2O \Longrightarrow H_2CO_3+OH^-$

$$K_{h_2}=\frac{[OH^-][H_2CO_3]}{[HCO_3^-]}=\frac{K_w}{K_{a_1}}$$

$$=\frac{1.0\times10^{-14}}{4.3\times10^{-7}}=2.3\times10^{-8}$$

由于盐的水解程度相对较小，在达水解平衡时，

$$[OH^-]=[H_2CO_3],\ [HCO_3^-]=0.1-[OH^-]\approx0.1$$

所以　$[OH^-]=\sqrt{2.3\times10^{-8}\times0.1}=4.80\times10^{-5}$

　　　　pOH$=-lg(4.80\times10^{-5})=4.32$

　　　　pH$=14-4.32=9.68$

(2)$CO_3^{2-}+H_2O \Longrightarrow HCO_3^-+OH^-$

$$K_{h_1} = \frac{[OH^-][HCO_3^-]}{[CO_3^{2-}]}$$

$$= \frac{K_w}{K_{a_2}} = \frac{1.0 \times 10^{-14}}{5.6 \times 10^{-11}}$$

$$= 1.8 \times 10^{-4}$$

同上原理，$[OH^-] = \sqrt{1.8 \times 10^{-4} \times 0.1} = 4.20 \times 10^{-3}$

$$pH = 14 - [-\lg(4.20 \times 10^{-3})] = 11.6$$

可见，Na_2CO_3 和 $NaHCO_3$ 水溶液都具有一定的碱性，且 Na_2CO_3 水溶液碱性较强，在化工生产和日常生活中把 Na_2CO_3 归于碱性物质。

弱酸强碱盐水溶液呈碱性，酸越弱，其盐的水解程度就越大，溶液的碱性越强。

(二)弱碱强酸盐的水解

以 NH_4Cl 为例来讨论弱碱强酸盐的水解情况。

$$NH_4Cl \longrightarrow Cl^- + NH_4^+$$
$$+$$
$$H_2O \Longrightarrow H^+ + OH^-$$
$$\Updownarrow$$
$$NH_3 H_2O$$

在水溶液中同时存在水的电离和氨水的电离平衡，其水解离子方程式与水解常数为：

$$NH_4^+ + H_2O \Longrightarrow NH_3 \cdot H_2O + H^+$$

$$K_w = [H^+][OH^-]$$

$$K_b = \frac{[NH_4^+][OH^-]}{[NH_3 \cdot H_2O]}$$

$$K_h = \frac{[NH_3 \cdot H_2O][H^+]}{[NH_4^+]} = \frac{K_w}{K_b}$$

弱碱强酸盐水溶液呈酸性，碱越弱，其盐的水解程度就越大，溶液的酸性也越强。

(三)弱酸弱碱盐的水解

这类盐水解时，盐的阴、阳离子都可以与水电离出来的 H^+ 和 OH^- 发生作用，形成双离子水解。例如 NH_4Ac 的水解：

$$NH_4^+ + Ac^- + H_2O \Longrightarrow NH_3 \cdot H_2O + HAc$$

$$K_h = \frac{[NH_3 \cdot H_2O][HAc]}{[NH_4^+][Ac^-]}$$

$$= \frac{[NH_3 \cdot H_2O]}{[NH_4^+][OH^-]} \times \frac{[HAc]}{[H^+][Ac^-]} \times [OH^-][H^+]$$

$$= \frac{K_w}{K_a \cdot K_b}$$

从水解常数的数量级看，这类盐的水解要比前两类盐大得多，至于溶液显什么性质，则要看这两种离子对应的酸、碱的电离常数值的大小：$K_a = K_b$，溶液显中性，如 NH_4Ac；$K_a < K_b$，溶液显碱性，如 NH_4CN；$K_a > K_b$，溶液显酸性，如 NH_4F。

强酸强碱盐，由于在水溶液中电离出来的阴、阳离子都不和水电离出来的 H^+ 和 OH^- 发生作用，因此就不会发生水解，其水溶液呈中性，如 $NaCl$。

四、沉淀溶解平衡

在一定温度下难溶电解质晶体与溶解在溶液中的离子之间存在溶解和结晶的平衡，称作多项离子平衡，也称为沉淀溶解平衡。

以 AgCl 为例，尽管 AgCl 在水中溶解度很小，但并不是完全不溶解。从固体溶解平衡角度认识，AgCl 在溶液中存在下列两个过程：

第一，在水分子作用下，少量 Ag^+ 和 Cl^- 脱离 AgCl 表面溶入水中；

第二，溶液中的 Ag^+ 和 Cl^- 受 AgCl 表面正负离子的吸引，回到 AgCl 表面，析出沉淀。

在一定温度下，当沉淀溶解和沉淀生成的速率相等时，得到 AgCl 的饱和溶液，即建立下列动态平衡：

$$AgCl(s) \rightleftharpoons Ag^+ + Cl^-$$

溶解平衡也是动态平衡，即溶解速率等于结晶速率，且不等于零。

(一)溶度积

1. 溶度积的概念

沉淀溶解平衡也满足化学平衡的一般规律。设沉淀溶解反应的通式为：

$$M_m N_n(s) \rightleftharpoons mM^{n+} + nN^{m-}$$

其平衡常数表达式为：

$$K_{sp} = [M^{n+}]^m [N^{m-}]^n$$

K_{sp} 叫作溶度积常数，简称溶度积，它和其他化学平衡常数一样，只随温度改变，不随浓度变化。例如：

$$Ag_2CrO_4(s) \underset{沉淀}{\overset{溶解}{\rightleftharpoons}} 2Ag^+ + CrO_4^{2-}$$

$$K_{sp} = [Ag^+]^2 [CrO_4^{2-}]$$

常见难溶物质的溶度积见附表。

2. 溶度积与溶解度的关系

中学学过的溶解度是指某温度下 100g 水里某物质溶解的最大克数。习惯上把溶解度小于 0.01g 的物质叫"难溶物"。溶度积常数也同样表示难溶物质的溶解情况，K_{sp} 越小，表示物质越难溶。

根据溶度积常数关系式，可以进行溶度积和溶解度之间的计算。但在换算时必须注意采用物质的量浓度(单位用 $mol \cdot dm^{-3}$)作单位。另外，由于难溶电解质的溶解度很小，溶液很稀，难溶电解质饱和溶液的密度可认为近似等于水的密度，即 $1\ g \cdot mL^{-1}$。

例 3-11　已知 AgCl 在 298 K 时的溶度积为 1.8×10^{-10}，求 AgCl 的溶解度。

解：设 AgCl 的溶解度为 $x\ mol \cdot dm^{-3}$

$$AgCl(s) \rightleftharpoons Ag^+ + Cl^-$$

平衡浓度　　　x　　　x

$$K_{sp}(AgCl) = [Ag^+][Cl^-] = x^2 = 1.8 \times 10^{-10}$$

$$x = 1.34 \times 10^{-5}\ mol \cdot dm^{-3}$$

AgCl 饱和溶液浓度(即溶解度)为 $1.34 \times 10^{-5}\ mol \cdot dm^{-3}$

如用 100g 水中溶解的克数来表示，应为：

$$S=1.34\times10^{-5}\times143.5\times\frac{100}{1000}=1.92\times10^{-4}(g)$$

例 3-12　298K 时，Ag_2CrO_4 饱和溶液浓度为 $1.3\times10^{-4}mol\cdot dm^{-3}$，计算 Ag_2CrO_4 的溶解度和溶度积。

$$S=1.3\times10^{-4}\times332\times\frac{100}{1000}=4.32\times10^{-3}(g)$$

$$[Ag^+]=2\times1.3\times10^{-4}=2.6\times10^{-4}mol\cdot dm^{-3}$$

$$[CrO_4{}^{2-}]=1.3\times10^{-4}mol\cdot dm^{-3}$$

$$K_{sp}=[Ag^+]^2\cdot[CrO_4{}^{2-}]=(2.6\times10^{-4})^2\times1.3\times10^{-4}=8.79\times10^{-12}$$

从上述两例的计算可以看出，AgCl 的溶度积（1.8×10^{-10}）比 Ag_2CrO_4 的溶度积（8.79×10^{-12}）大，AgCl 的溶解度（$1.92\times10^{-4}g$）却比 Ag_2CrO_4 的溶解度（4.32×10^{-3}）小，这是由于 AgCl 的溶度积表达式与 Ag_2CrO_4 的溶度积表达式不同所致。因此，只有对同一类型的难溶电解质，才能应用溶度积来直接比较其溶解度的相对大小。而对于不同类型的难溶电解质，则不能简单地进行比较，要通过计算才能比较。

(二)沉淀的生成与溶解

在某微溶电解质溶液中，各有关离子浓度幂之乘积称为离子积。对于 M_mN_n 微溶电解质来说，溶液中 $[M]^m[N]^n$ 称为它的离子积（用 J 表示），它可以是任意数值，不是常数，因为并未注明是饱和溶液。离子积和溶度积两者的概念是有区别的。

当 $J<K_{sp}$ 时，是未饱和溶液，如果体系中有固体存在，将继续溶解，直至饱和为止；

当 $J=K_{sp}$ 时，是饱和溶液，达到动态平衡；

当 $J>K_{sp}$ 时，将会有 M_mN_n 沉淀析出，直至成为饱和溶液。

以上三点称为溶度积规则，它是微溶电解质多相离子平衡移动规律的总结。根据溶度积规则可以控制离子浓度，使沉淀生成或溶解。

1. 沉淀的生成

根据溶度积的规则，在微溶电解质溶液中，如果离子积 J 大于溶度积常数 K_{sp}，就会有沉淀生成。因此，要使溶液析出沉淀或要使沉淀得更完全，就必须创造条件，使其离子积大于溶度积。

例 3-13　AgCl 的 $K_{sp}=1.80\times10^{-10}$，将 $0.001mol\cdot dm^{-3}$ NaCl 和 $0.001mol\cdot dm^{-3}$ $AgNO_3$ 溶液等体积混合，问是否有 AgCl 沉淀生成？

解：

$$[Ag^+]=[Cl^-]=1/2\times0.001=0.0005(mol\cdot dm^{-3})$$

则在混合溶液中，

$$J=[Ag^+][Cl^-]=(0.0005)^2=2.5\times10^{-7}$$

因为 $[Ag^+][Cl^-]>K_{sp}$，所以有 AgCl 沉淀生成。

例 3-14　在 $0.1mol\cdot dm^{-3}$ KCl 和 $0.1mol\cdot dm^{-3}$ K_2CrO_4 混合溶液中，逐滴加入 $AgNO_3$ 溶液，问 AgCl 和 Ag_2CrO_4 两种微溶电解质，哪个最先产生沉淀？

解：设混合液中产生 AgCl 沉淀时，所需 $[Ag^+]$ 为 x $mol\cdot dm^{-3}$，而产生 Ag_2CrO_4 沉

淀时，所需$[Ag^+]$为 y mol·dm^{-3}。

已知 AgCl 的 $K_{sp} = 1.80 \times 10^{-10}$，$Ag_2CrO_4$ 的 $K_{sp} = 1.1 \times 10^{-12}$

根据溶度积常数表达式，则

$$x = \frac{K_{sp}}{[Cl^-]} = \frac{1.80 \times 10^{-10}}{0.1} = 1.80 \times 10^{-9} \text{ mol·dm}^{-3}$$

$$y = \sqrt{\frac{K_{sp}}{[CrO_4^{2-}]}} = \sqrt{\frac{1.1 \times 10^{-12}}{0.1}} = 3.3 \times 10^{-6} \text{ mol·dm}^{-3}$$

因为 $x < y$，就是说产生 AgCl 沉淀时所需 Ag^+ 的浓度远小于产生 Ag_2CrO_4 沉淀时所需 Ag^+ 的浓度。所以，在混合溶液中，逐滴加入 $AgNO_3$ 溶液时，最先析出 AgCl 白色沉淀；只有溶液中 $[Ag^+]$ 达到 3.3×10^{-6} mol·dm^{-3} 以上时，才能析出 Ag_2CrO_4 砖红色沉淀。

由此可见，溶液中有两种以上都能与同种离子反应产生沉淀的离子时，最先析出的是溶解度较小的化合物，这就是分步沉淀。

例 3-15 $BaSO_4$ 在水中的溶解度是 1.05×10^{-5} mol·dm^{-3}，问在 0.01mol·dm^{-3} Na_2SO_4 溶液中 $BaSO_4$ 的溶解度是多少？

解：$BaSO_4$ 的 $K_{sp} = 1.1 \times 10^{-10}$

$BaSO_4$ 在溶液中的离解平衡：

$$BaSO_4(s) \Longrightarrow Ba^{2+} + SO_4^{2-}$$

$$K_{sp} = [Ba^{2+}][SO_4^{2-}] = 1.1 \times 10^{-10}$$

设在 0.01 mol·L Na_2SO_4 溶液中 $BaSO_4$ 的溶解度为 x mol·dm^{-3}

则 $[Ba^{2+}] = x$ mol·L，$[SO_4^{2-}] = (0.01 + x)$ mol·dm^{-3}

因为 x 值远小于 0.01，可以忽略不计，则 $(0.01 + x) \approx 0.01$

所以

$$x \times 0.01 = 1.1 \times 10^{-10}$$

$$x = 1.1 \times 10^{-8} \text{ mol·dm}^{-3}$$

由此可见，在微溶电解质饱和溶液中，加入含有相同离子的强电解质时，将使微溶电解质的溶解度降低，这就是前面所讲到的同离子效应。所以，加入适当过量的沉淀剂，可以使沉淀更趋完全，达到我们所要求的目的。

2. 沉淀的溶解

根据溶度积规则，沉淀溶解的必要条件是溶液中离子积 J 小于溶度积 K_{sp}，因此，创造一定条件，降低溶液中的离子浓度，使离子积小于其溶度积，就可使沉淀溶解。

使沉淀溶解的常用方法主要有 3 种：

(1)加入适当试剂，使其与溶液中某种离子结合生成弱电解质。

例如：在 $Fe(OH)_3$ 的沉淀溶解平衡中加入 HCl，溶液中存在如下平衡：

$$Fe(OH)_3(s) \Longrightarrow Fe^{3+} + 3OH^-$$
$$+$$
$$3HCl \Longrightarrow 3Cl^- + 3H^+$$
$$\Updownarrow$$
$$3H_2O$$

由于溶液中生成了弱电解质 H_2O，使 $[OH^-]$ 减小，溶液中 $[Fe^{3+}][OH^-]^3 <$ $Fe(OH)_3$ 的 K_{sp}，使平衡向 $Fe(OH)_3$ 溶解的方向移动，即向右移动。若有足量盐酸，沉淀可以完全溶解。

大多数微溶弱酸盐都能溶于强酸，例如 $CaCO_3$ 溶于 HCl；少数微溶氢氧化物能溶于铵盐，例如 $Mg(OH)_2$ 溶于 NH_4Cl 溶液。

（2）加入适当氧化剂或还原剂，与溶液中某种离子发生氧化－还原反应。

例如，在 CuS 沉淀中加入稀 HNO_3，因为 S^{2-} 被氧化成单质硫，从而使溶液中 $[S^{2-}]$ 减小，所以溶液中 $[Cu^{2+}][S^{2-}] <$ CuS 的 K_{sp}，使 CuS 沉淀逐步溶解。反应如下：

$$3CuS + 8HNO_3 = 3Cu(NO_3)_2 + 2NO\uparrow + 4H_2O + 3S\downarrow$$

（3）加入适当试剂，与溶液中某种离子结合生成配合物。

例如，AgCl 沉淀能溶于氨水。反应如下：

$$AgCl + 2NH_3 \cdot H_2O = [Ag(NH_3)_2]^+ + Cl^- + 2H_2O$$

由于生成了稳定的 $[Ag(NH_3)_2]^+$，大大降低了 $[Ag^+]$，所以 AgCl 沉淀溶解。

（三）沉淀的转化

在含有沉淀的溶液中，加入适当试剂与溶液中某种离子结合生成更难溶解于水的物质，使得原有沉淀溶解而生成新的沉淀，这叫作沉淀转化。例如，在 $PbCl_2$ 沉淀中，加入 Na_2CO_3 溶液后，由于反应生成了更难溶解的 $PbCO_3$ 沉淀，降低了溶液中 $[Pb^{2+}]$，使平衡向生成 $PbCO_3$ 沉淀的方向移动，所以 $PbCl_2$ 沉淀逐渐溶解，生成了新的沉淀 $PbCO_3$。反应如下：

$$PbCl_2(s) + CO_3^{2-} \Longrightarrow PbCO_3(s) + 2Cl^-$$

第四节　胶　体

一、胶体的性质

胶体是分散质颗粒直径介于 10^{-9} 到 10^{-7} m（即 $1 \sim 100$ nm）之间的分散系。习惯上，把分散介质为液体的胶体体系称为液溶胶，如介质为水的称为水溶胶，例如淀粉溶液、豆浆、$Fe(OH)_3$ 胶体等；分散介质为固态的称为固溶胶，例如有色玻璃、水晶等；分散介质为气体的称为气溶胶，例如烟、云、雾等。

胶体颗粒的大小导致其区别于溶液和粗分散系，具有自身的一些特性。

（一）胶体的光学性质

当一束光线通过胶体时，从侧面看到一束光亮的"通路"。这种现象称为丁达尔效应（图 3-4）。

丁达尔效应的产生，是胶体中胶粒在光照时产生对光的散射作用形成的。对溶液来说，因分散质（溶质）微粒太小，当光线照射时，光可以发生衍射，绕过溶质，从侧面就无法观察到光的"通路"。因此，可用这种方法鉴别真溶液和胶体。悬浊液和乳浊液，因其分散质直径较大，对入射光只反射而不散射，再有悬浊液和乳浊液本身也不透明，也不可能

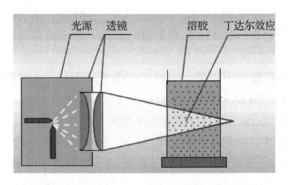

图 3-4 丁达尔效应

观察到光的通路。

(二)胶体的动力学性质

在超显微镜下观察胶体溶液时可以看到胶体颗粒不断地做无规则运动，这一现象称为布朗运动(图 3-5)。布朗运动的产生，是由于胶体颗粒周围分散剂的分子不均匀地撞击胶体粒子，使其发生不断改变方向、速度的运动。

布朗运动属于微粒的热运动的现象，这种现象并非胶体独有的现象。

(三)胶体的电学性质

胶粒在外加电场作用下，能在分散剂里向阳极或阴极做定向移动，这种现象叫电泳。电泳现象表明胶粒带电。胶粒带电荷是由于它们具有很大的总表面积，有过剩的吸附力，靠这种强的力吸附着离子。一般来说，金属氢氧化物、金属氧化物的胶体微粒吸附阳离子，带正电荷，如氢氧化铁胶体、三氧化二铁胶体等。非金属氧化物、金属硫化物胶体微粒吸附阴离子，带负电荷，如硫化砷胶体、碘化银胶体等。胶粒带电荷，但整个胶体仍是显电中性的。

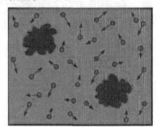

图 3-5 布朗运动示意图

二、胶体的结构

胶体的许多性质都与其内部结构有关。胶体颗粒细小，表面积巨大，具有很强的吸附能力，并且其优先吸附结构与自身相似的离子。

以用 $AgNO_3$ 溶液和 KI 溶液制备 AgI 胶体为例来说明胶体的结构(图 3-6)。当 KI 过量时，形成的 AgI 胶体，是由大量的 AgI 聚集成为 $1\sim100nm$ 范围的颗粒，它们是胶体的核心，称为胶核。此时溶液中还有 Ag^+、NO_3^-、K^+、I^- 等离子，由于胶核选

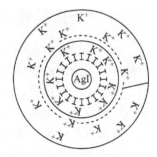

图 3-6 胶体结构

择性吸附与它组成相近的 I^- 离子，使胶核带上负电荷，I^- 离子是决定胶粒电性的离子，因此叫电位离子；溶液中还存在着与胶核带相反电荷的 K^+ 离子，称反离子，反离子一方面受静电吸引，靠近胶核，形成吸附层反离子，另一方面由于本身的热运动而远离胶核，形成扩散层反离子。由此可见，胶体的结构是以胶核为核心，胶核周围吸附电位离子，电位离子周围吸附部分反离子，胶核、电位离子、吸附层反离子共同构成胶体粒子，称为胶

粒。胶粒带有一定量的电荷，其电性与电位离子相同，电量为电位离子所带电荷总数减去吸附层反离子所带电荷总数。胶粒与扩散层反离子共同称为胶团，胶团对外不显电性。在胶体中，分散质是以胶粒的形式存在的。

$AgNO_3$ 过量时形成的 AgI 胶体结构可表示如下：

$$\left[\,(\,AgI\,)_m \cdot nAg^+ \cdot (\,n-x\,)\,NO_3^-\,\right]^{x+} \cdot x\,NO_3^-$$

胶核电位离子反离子 　　 反离子

吸附层胶粒(固相) 　　 扩散层(液相)

胶团(电中性)

KI 过量时形成的 AgI 胶体结构为：

$$\left[(AgI)m \cdot nI^- \cdot (n-x)K^+\right]^{x-} \cdot xK^+$$

三、胶体的稳定性与聚沉

(一)胶体的稳定性

胶体的稳定性介于粗分散系和分子分散系之间，在一定条件下能稳定存在，属于介稳体系。胶体具有介稳性的两个原因是：

(1)胶体粒子可以通过吸附而带有电荷，同种胶粒带同种电荷，而同种电荷会相互排斥，要使胶体聚沉，就要克服排斥力，消除胶粒所带电荷。

(2)胶体粒子在不停地做布朗运动，形成动力学稳定体系。

(二)胶体的聚沉

胶体的稳定性是相对的，有条件的，只要减弱或消除使它稳定的因素，就能使胶粒聚集成较大的颗粒而沉降。使胶粒聚集成较大的颗粒而沉降的过程叫作胶体的聚沉。

使胶体聚沉的常用方法有 3 种：

1. 加入电解质

在溶液胶中加入电解质，这就增加了胶体中离子的总浓度，而给带电荷的胶体微粒创造了吸引相反电荷离子的有利条件，从而减少或中和原来胶粒所带电荷，使它们失去了保持稳定的因素。这时由于粒子的布朗运动，在相互碰撞时，就可以聚集起来，迅速沉降。如由豆浆做豆腐时，在一定温度下，加入 $MgCl_2$ 或 $CaSO_4$，豆浆中的胶体微粒带的电荷被中和，其中的蛋白质微粒很快聚集而形成胶冻状的豆腐。

一般说来，在加入电解质时，高价离子比低价离子使胶体凝聚的效率大。如：$BaCl_2$，Na_2SO_4 等。

2. 加入胶粒带相反电荷的胶体

两种带相反电荷的胶体，以适当的比例相混合时，也可以起到和加入电解质同样的作用，使胶体相互聚沉。例如天然水中常含有带负电荷的胶态物质，加带正电荷的 $Al(OH)_3$ 胶体就可以促使其聚沉，明矾的净水作用就是依据这个原理。

3. 加热胶体

加热也可以使很多胶体溶液聚沉。这是由于加热能增大胶体的运动速度，使它们之间碰撞机会增多，同时也使胶核对电位离子的吸附作用减弱，减少了胶粒所带的电荷，即减弱胶体的稳定因素，导致胶体凝聚。如：长时间加热时，$Fe(OH)_3$ 胶体就发生凝聚而出现红褐色沉淀。

胶体在工农业生产和日常生活中有着广泛的应用。例如工业生产中制有色玻璃（固溶胶）、冶金工业利用电泳原理选矿、原油脱水等；国防工业中有些火药、炸药须制成胶体；日常生活中的净水，制豆浆、豆腐；医疗中的血液透析等。

习　题

1. 浓盐酸的质量百分比浓度为 37.6%，密度为 $1.19g \cdot mL$，求浓盐酸的物质的量浓度、质量摩尔浓度及 HCl 的物质的量分数。

2. 相同质量的葡萄糖和甘油分别溶于 $100g\ H_2O$ 中，问所得溶液的沸点、凝固点、蒸汽压和渗透压相同吗？为什么相同或不相同？如果换成相同物质的量的葡萄糖或甘油，结果会怎样？加以说明。

3. 将 $0.1mol \cdot dm^{-3}$ 的下列溶液的凝固点由高到低排列：
$Mg(NO_3)_2$、HAc、$C_{12}H_{22}O_{11}$、KCl。

4. 将 $0.1mol \cdot dm^{-3}$ 的下列溶液的沸点由高到低排列：
H_2SO_4、CH_3COOH、KNO_3、$C_{11}H_{22}O_{11}$。

5. 解释如何通过渗透压原理使海水淡化。

6. 静脉注射时，要采用 0.90% 的生理盐水或 5.0% 的葡萄糖溶液，为什么？如果注射液的浓度过大或过小，会产生什么后果？

7. 含有 100g 水的溶液中应含有多少克葡萄糖方可把溶液的凝固点降到 $-5℃$？

8. 如果 30g 水中含甘油 $(C_3H_8O_3)1.5g$，求算溶液的沸点。

9. 何谓电离度？电离度与电解质强弱的关系如何？电离常数的意义是什么？影响电离常数的因素有哪些？

10. 什么叫水的离子积？水中加入少量的酸或碱后，水的离子积有无变化？水中的 H^+ 浓度有无变化？

11. $1mol \cdot dm^{-3}$ 的 HCN 溶液的电离度为 0.01%，求同温度下 HCN 的电离常数。

12. 计算 $0.1\ mol \cdot L$ 下列溶液的 pH 值：
HCl、H_2SO_4、$NaOH$、$Ba(OH)_2$、CH_3COOH、H_2CO_3、$NH_3 \cdot H_2O$

13. $0.1mol \cdot dm^{-3}$ 的 HAc 溶液 50mL 加入 25mL 的 $0.1mol \cdot dm^{-3}NaAc$ 溶液后，溶液的 pH 值有何变化？

14. 欲配制 pH＝5.0 的缓冲溶液 100mL，需用 $0.5mol \cdot dm^{-3}$ HAc 和 $0.5mol \cdot dm^{-3}$ 的 NaAc 溶液各多少毫升（不另加水），已知 HAc 的 K_a 为 1.76×10^{-5}。

15. 今有 3 种酸：$(CH_3)_2AsO_2H$、$ClCH_2COOH$ 和 CH_3COOH，它们的电离常数分别为 6.4×10^{-7}、1.4×10^{-3} 和 1.76×10^{-5}。试问：(1)配制 pH＝6.5 的缓冲溶液，哪种酸最好？(2)需要多少克这种酸和多少克 NaOH 配制 1.00L 上述缓冲溶液？其中酸和盐的总浓度等于 $1.00mol \cdot dm^{-3}$。

16. 求下列盐溶液的 pH 值。
(1)$0.1mol \cdot dm^{-3}NH_4Cl$
(2)$0.1mol \cdot dm^{-3}KCN$

(3)0.01 mol·dm⁻³NH₄Ac

(4)0.01mol·dm⁻³Na₂CO₃

17. 按酸性、中性、碱性将下列盐分类。

KCl、NaNO₃、NH₄NO₃、KCN、Al₂(SO₄)₃、CuSO₄、NH₄Ac、Na₂CO₃、Na₂S

18. 写出下列离子的水解反应方程式。

CO_3^{2-}、CN^-、HPO_4^{2-}、HCO_3^-、F^-、$[Al(H_2O)_6]^{3+}$、Ca^{2+}、$[Cu(H_2O)_4]^{2+}$

19. 含有 0.1mol·dm⁻³Cl⁻和 Br⁻的某溶液，逐滴加入 AgNO₃，首先产生何种沉淀？先沉淀的阴离子减到什么程度时，另一种银盐开始沉淀？

20. 由实验测得 273K 时，AgCl 在纯水中的溶解度为 100mL 溶液中溶解 0.2mg，已知 AgCl 的摩尔质量为 143，求 273K 时：(1)AgCl 的 K_{sp}；(2)AgCl 在 0.01mol·dm⁻³的 NaCl 溶液中的溶解度(mol·dm⁻³)。

21. 分别计算 Ag₂CrO₄ 在含有 0.10mol·dm⁻³AgNO₃和 0.10mol·dm⁻³Na₂CrO₄溶液中的溶解度。

22. 用 10mL 0.1mol·dm⁻³KI 溶液与 20mL 0.01mol·dm⁻³AgNO₃溶液制备的 AgI 胶体，写出该胶团的结构，指出胶粒所带的电荷电性。若向此胶体中分别加入 NaCl 和 MgSO₄，问哪一种电解质对胶体的聚沉能力强？

第4章

有机化合物

第一节　有机化合物概述

一、有机化合物概念

有机化合物通常是指含碳的化合物，但一些简单的含碳化合物，如一氧化碳、二氧化碳、碳酸盐、金属碳化物、氰化物、碳酸、硫氰化物等除外。它广泛存在于自然界中，与人类的生活息息相关。刑事科学技术所研究的对象有很大一部分是有机化合物，如理化检验中的射击残留物、炸药残留物；文件检验中的笔迹色痕、文书材料；毒物分析中的毒物、毒品；微量物证分析中的纤维、塑料、橡胶、油漆；法医物证分析中的血液、毛发、精斑等。

多数有机化合物主要含有碳、氢两种元素，此外也常含有氧、氮、硫、卤素、磷等。部分有机物来自植物界，但绝大多数是以石油、天然气、煤等作为原料，通过人工合成的方法制得。和无机物相比，有机物数目众多，可达几百万种。

二、有机化合物的特点

有机化合物分子中的原子主要是以共价键相结合的。共价键的饱和性和方向性决定了每一个有机分子都是由一定数目的某几种元素的原子按特定的方式结合形成的，所以每一个有机分子都有特定的大小及立体形状。有机化合物的碳原子的结合能力非常强，互相可以结合成碳链或碳环。碳原子数量可以是 1、2 个，也可以是几千、几万个，许多有机高分子化合物甚至可以有几十万个碳原子。此外，有机化合物中同分异构现象非常普遍，这也是造成有机化合物众多的原因之一。有机化合物除少数以外，一般都能燃烧。和无机化合物相比，它们的热稳定性比较差，受热容易分解。有机物的熔点较低，一般不超过 400℃。有机物的极性很弱，因此，大多不溶于水。有机物之间的反应，大多是分子间反应，往往需要一定的活化能，反应缓慢，往往需要催化剂等手段。而且有机物的反应比较复杂，在同样条件下，一个化合物往往可以同时进行几个不同的反应，生成不同的产物。

三、有机化合物的分类

目前，对有机化合物的分类主要采用两种方法：其一，是基于有机物分子结构的基本骨架特征；其二，是以有机物分子结构中的官能团(也称功能团)或特征结构为分类基础。

(一)按基本骨架特征分类

1. 链状化合物

这类化合物分子中的碳原子相互连接成链状，因其最初是在脂肪中发现的，所以又叫脂肪族化合物。链状化合物分为饱和、不饱和链状化合物两种。例如：

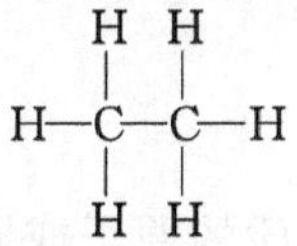

乙烷 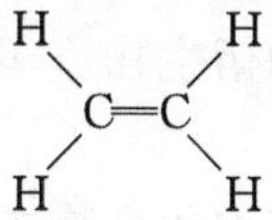　　　　乙烯 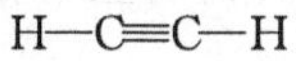　　　　乙炔 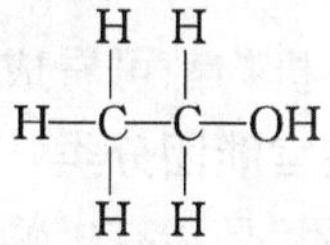　　　　乙醇

2. 碳环族化合物

这类化合物分子中含有由碳原子组成的环状结构，故称碳环化合物。它又可分为两类：脂环族化合物和芳香族化合物。

(1)脂环族化合物。这类化合物的结构特征是在分子结构中，一定有碳原子互相链接成的环状结构部分，其性质与脂肪族化合物相似。脂环化合物也分为饱和、不饱和脂环化合物两种。例如：

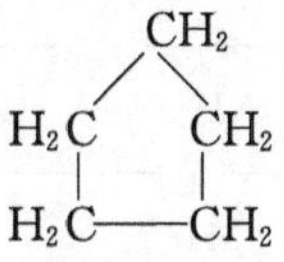

环戊烷 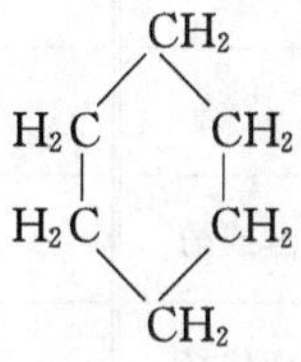　　　　环己烷 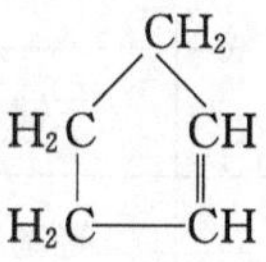　　　　环戊烯

(2)芳香族化合物。这类化合物的结构特征是分子中都含有一个由碳原子组成的在一个平面内的闭环共轭体系，并具有特殊的稳定性。它们在性质上与脂肪族化合物有较大的区别。其中，大部分化合物分子中都含有一个或多个苯环。例如：

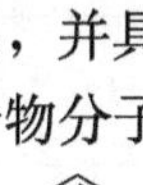

苯 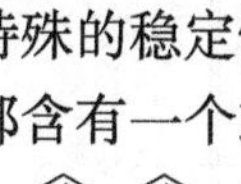　　　　萘 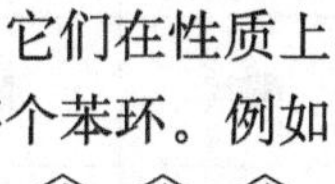　　　　蒽

3. 杂环化合物

组成这类化合物的环除碳原子以外，还含有其他元素的原子。所谓"杂环"即是由碳原子和其他原子(如 N、O、S 等)所组成的环。因为通常称碳原子以外的其他原子为"杂原子"，所以称此类化合物为杂环化合物。根据其性质又可分为脂杂环、芳杂环化合物两种。例如：

$$CH_2—CH_2$$

环氧乙烷　　　呋喃　　　吡啶

总之，按照基本骨架特征，有机物可分为：

$$
有机化合物
\begin{cases}
链状化合物
\begin{cases}
饱和链状化合物\\
不饱和链状化合物
\end{cases}\\
碳环化合物
\begin{cases}
脂环族化合物
\begin{cases}
饱和脂环化合物\\
不饱和脂环化合物
\end{cases}\\
芳香族化合物
\end{cases}\\
杂环化合物
\begin{cases}
脂杂环化合物\\
芳杂环化合物
\end{cases}
\end{cases}
$$

其他有机物都可看成此三大类的基本骨架的衍生物。

(二)按官能团分类

"官能团"是指有机物分子结构中，能代表该类化合物主要性质的原子或原子团，反应的发生也与其有关。一般说来，含有相同官能团的化合物在化学性质上基本相同，因而含有同样官能团的化合物可归为一类，如烃、醇、酚、醚、醛、酮、羧酸、酯、胺等。一些重要官能团和其特征结构见表 4-1 所示。

表 4-1　常见的官能团及其化合物类别

官能团结构	官能团名称	化合物类别	官能团结构	官能团名称	化合物类别
$C=C$	双键	烯烃	$—C—O—C—$	醚键	醚
$—C\equiv C—$	三键	炔烃	$—NH_2$	氨基	胺
$—OH$	羟基	醇或酚	$—SH$	巯基	硫醇
$—X(F/Cl/Br/I)$	卤原子	卤代烃	$—C\equiv N$	氰基	腈
$—C=O$ \ H	醛基	醛	$—C=O$ \ OH	羧基	羧酸
$—C=O$	酮基	酮	$—SO_3H$	磺酸基	磺酸
$—NO_2$	硝基	硝基化合物	$—N=N—$	偶氮基	偶氮化合物

四、有机化合物中的共价键及有机反应类型

(一)共价键

有机化合物中都含有 C 原子，碳位于周期表中第二周期第四主族，外层有 4 个价电子，形成分子时，既不易失去 4 个电子变成 C^{4+}，也不易得到 4 个电子形成 C^{4-} 的稳定八电子构型。因此，碳与其他原子结合时，总是采取各自提供数目相等的电子，作为共用电

子对，并使每个原子达到稳定八电子构型。这种由共用电子对所形成的键即为共价键。依照原子轨道重叠的方式不同，有机化合物分子中的共价键可分为 σ 键和 π 键两种类型。其中，共用一对电子形成一个 σ 单键，共用两对或三对电子形成双键（一个 σ 键和一个 π 键）或三键（一个 σ 键和两个 π 键）。例如：

$$C—H \qquad C—C \qquad C=C \qquad C\equiv C$$
碳氢单键　　　碳碳单键　　　碳碳双键　　　碳碳叁键

（二）共价键的断裂与有机反应类型

任何一个化学反应，都包括旧键的断裂和新键的形成。共价键的断裂方式有均裂和异裂两种。

1. 共价键的均裂

共价键断裂时，共用电子对均分到形成该共价键的两原子或基团上的断裂方式，称为共价键的均裂。共价键的均裂形成的带有一个或几个未配对电子的原子或基团称为自由基，自由基是电中性的。例如：

$$—\overset{|}{\underset{|}{C}} \vdots X \xrightarrow{\text{均裂}} —\overset{|}{\underset{|}{C}}· + ·X$$

2. 共价键的异裂

共价键断裂时，共用电子对非均匀的分到形成该共价键的两原子或基团上，称为共价键的异裂。共价键的异裂形成带有一对电子的负离子和未带电子的正离子。例如：

$$—\overset{|}{\underset{|}{C}} \vdots X \xrightarrow{\text{异裂}} —\overset{|}{\underset{|}{C}}^+ + X^-$$

$$—\overset{|}{\underset{|}{C}} \vdots X \xrightarrow{\text{异裂}} —\overset{|}{\underset{|}{C}}^- + X^+$$

碳与其他原子间的 σ 键异裂时，可得到碳正离子或碳负离子。碳正离子可以接受电子对，是路易斯酸，它总是进攻反应中电子云密度较大的部位，所以是一种亲电试剂。碳负离子能提供电子对，是路易斯碱，在反应中它往往寻求质子或进攻正电荷中心以中和电性，是亲核试剂。

3. 有机反应的类型

根据共价键的断裂方式，可将有机反应分为：自由基反应、离子型反应和协同反应。自由基反应是指由于分子中的共价键的均裂形成自由基而引发的反应，分为链引发、链转移和链终止 3 个阶段。离子型反应是指由于分子中的共价键的异裂形成离子而引发的反应，分为亲电反应和亲核反应。由亲电试剂的进攻而发生的反应叫亲电反应；由亲核试剂的进攻而发生的反应叫亲核反应。协同反应是旧键断裂和新键形成相互协调在同一步骤中完成的反应，是基元反应。即：

$$\text{有机反应}\begin{cases}\text{自由基反应}\\[4pt]\text{离子型反应}\begin{cases}\text{亲电反应}\\\text{亲核反应}\end{cases}\\[8pt]\text{协同反应}\end{cases}$$

五、有机化合物的命名

有机化合物命名有俗名、习惯命名法(又称普通命名法)和系统命名法,其中系统命名法最为通用,最为重要。

(一)俗名及缩写

有些化合物常根据它的来源而用俗名,如:木醇(甲醇)、酒精(乙醇)、甘醇(乙二醇)、甘油(丙三醇)、石炭酸(苯酚)、蚁酸(甲酸)、水杨醛(邻羟基苯甲醛)、肉桂醛(β-苯基丙烯醛)、巴豆醛(2-丁烯醛)、水杨酸(邻羟基苯甲酸)、氯仿(三氯甲烷)、草酸(乙二酸)、苦味酸(2,4,6-三硝基苯酚)、甘氨酸(α-氨基乙酸)、丙氨酸(α-氨基丙酸)、谷氨酸(α-氨基戊二酸)等。还有一些化合物常用它的缩写及商品名称,如:RNA(核糖核酸)、DNA(脱氧核糖核酸)、阿司匹林(乙酰水杨酸)、煤酚皂或来苏儿(47%～53%的 3 种甲酚的肥皂水溶液)、福尔马林(40%的甲醛水溶液)、扑热息痛(对羟基乙酰苯胺)、尼古丁(烟碱)等。

(二)普通命名法

(1)用天干即甲、乙、丙、丁、戊、己、庚、辛、壬、癸表示碳原子数在 10 以内的简单有机化合物,如甲烷、乙烯、乙醇等;碳原子数在 10 以上的用汉字数字表示,如十一烷、十六碳酸、二十醇等。

(2)简单的异构体以正、异、新等词区分。

①直链烷烃或直链烷烃的衍生物用"正"字表示,例如:

$$CH_3CH_2CH_2CH_2CH_2CH_3 \qquad CH_3CH_2CH_2CH_2CH_2OH$$

或写成:$CH_3(CH_2)_4CH_3 \qquad CH_3(CH_2)_3CH_2OH$

正己烷　　　　　　　正戊醇

②烃的碳链末端带有甲基支链的用"异"字表示,例如:

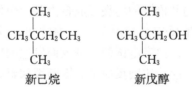

异己烷　　　　　　　异丁烯

③限于含有 5、6 个碳原子的烷烃或其衍生物中,具有季碳原子(即连接 4 个烃基的碳原子)的用"新"字表示,例如:

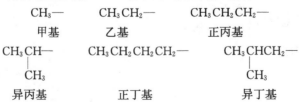

新己烷　　　　　　　新戊醇

(3)常见的基名称。一个化合物失去一个一价原子或原子团,余下的部分称为"基"。如烃失去一个氢原子即得到烃基(用 R— 表示)。常见的烃基有:

$$CH_3— \qquad CH_3CH_2— \qquad CH_3CH_2CH_2—$$

甲基　　　　　乙基　　　　　　正丙基

$$CH_3CH— \qquad CH_3CH_2CH_2CH_2— \qquad CH_3CHCH_2—$$
$$\quad | \qquad\qquad\qquad\qquad\qquad\qquad\qquad\qquad | $$
$$\ CH_3 \qquad\qquad\qquad\qquad\qquad\qquad\qquad\qquad CH_3$$

异丙基　　　　　　正丁基　　　　　　　异丁基

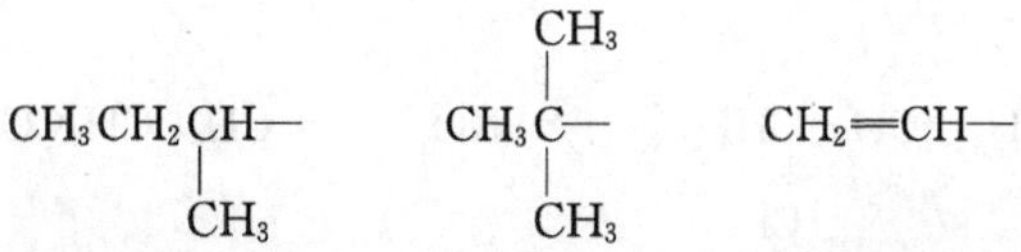

$$CH_3CH_2CH- \qquad CH_3\overset{\displaystyle CH_3}{\underset{\displaystyle CH_3}{C}}- \qquad CH_2{=}CH-$$
$$\qquad\quad | \\ \qquad\quad CH_3$$

仲丁基　　　　　　　叔丁基　　　　乙烯基

$$CH_3-CH{=}CH-CH_2-CH{=}CH_2- \qquad CH{\equiv}C-$$

丙烯基烯丙基　　　　　　　　　　乙炔基

(三)系统命名法

随着有机化合物数目的增多，有必要制定一个公认的命名法。1892年在日内瓦召开了国际化学会议，制定了日内瓦命名法。后由国际纯粹与应用化学联合会(IUPAC)做了几次修订，并于1979年公布了《有机化学命名法》。中国化学会根据我国文字特点，于1960年制定了《有机化学物质的系统命名原则》。1980年又根据IUPAC命名法做了增补、修订，公布了《有机化学命名原则》。

1. 烷烃的命名

烷烃的命名是所有开链烃及其衍生物命名的基础，在此先介绍烷烃的命名，其他化合物的具体命名在以后涉及的章节中讨论。

命名的步骤及原则：

①选主链选择最长的碳链为主链，有几条相同的碳链时，应选择含取代基多的碳链为主链。

②编号给主链编号时，从离取代基最近的一端开始。若有几种可能的情况，应使各取代基都有尽可能小的编号或取代基位次数之和最小。

③书写名称用阿拉伯数字表示取代基的位次，先写出取代基的位次及名称，再写烷烃的名称；有多个取代基时，简单的在前，复杂的在后，相同的取代基合并写出，用汉字数字表示相同取代基的个数；阿拉伯数字与汉字之间用短线隔开。例如：

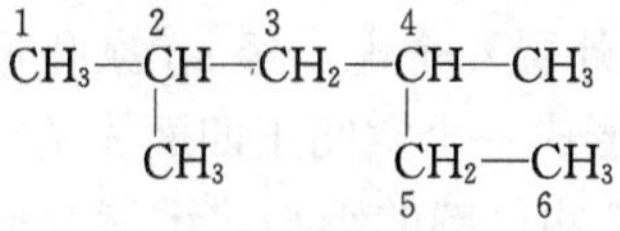

2，4-二甲基己烷 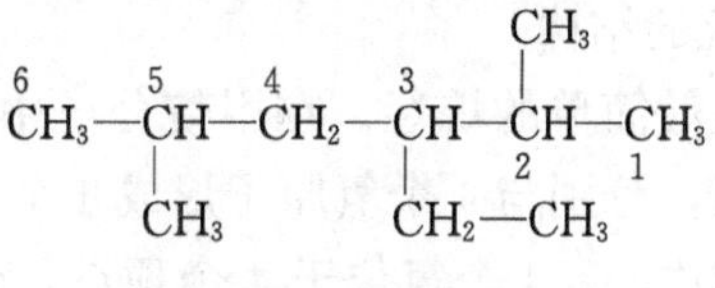　　　　　　　　2，5-二甲基-3-乙基己烷

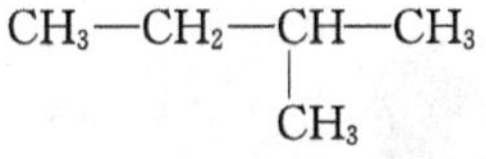

2-甲基丁烷 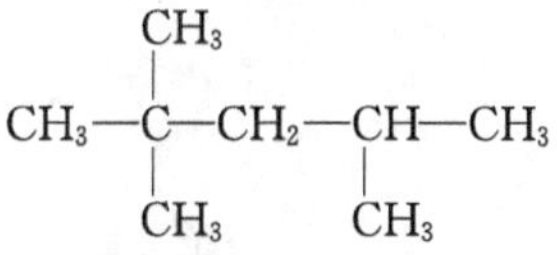　　　　　　　　　　2，2，4-三甲基戊烷

2. 双官能团和多官能团化合物的命名原则

双官能团和多官能团化合物的命名关键是确定母体。母体的选定可根据常见有机基团命名时的次序优先原则：

—COOH>—SO₃H>—COOR>—COX>—CONH₂>—CN>—CHO> C=O >—OH>—NH₂>—O—> C≡C > C=C >—R>—X>—NO₂

多官能团化合物的其他命名规则，参照烷烃。例如：

$$CH_2=CH-CH_2-C_6H_4-NO_2$$

$$\underset{Cl}{|}$$

CH₂=CH—CH₂—〈 〉—NO₂ (Cl 位于 CH 下方)

3-氯丙烯硝基苯

$$CH_3\overset{O}{\overset{\|}{C}}CH_2COOH$$

3-酮基丁酸

$$CH_3CH=CHCH_2OH$$

2-丁烯醇

$$CH_3CH=CH-\overset{O}{\overset{\|}{C}}-CH_3$$

3-戊烯-2-酮

$$CH_3\overset{OH}{\overset{|}{C}H}CH_2COOH$$

3-羟基丁酸

$$CH_3COCH_2\overset{OH}{\overset{|}{C}H}CH_3$$

4-羟基-2-戊酮

分子内同时含有烯基和炔基的化合物称为烯炔，编号时应注意，双键与三键的位次数相同时双键优先，位次不同时，位次小的优先。例如：

$$CH_3CH=CH-C\equiv C-CH_3$$

2-己烯-4-炔

第二节　烃类化合物

由碳、氢两种元素组成的化合物，叫作碳氢化合物，也称烃类化合物，简称烃。烃是有机化合物的母体，有机化合物也可以看作是烃类化合物及其衍生物。

一、烷烃

(一)烷烃的结构

1. 甲烷的结构

甲烷是最简单的烷烃。在甲烷分子中，碳原子外层 4 个电子经 sp^3 杂化形成 4 个相同的电子轨道，分别与 4 个氢原子形成 4 个共价键，形成一个空间正四面体结构，碳原子位于正四面体中心，4 个氢位于 4 个顶点，4 个 C—H 共价键的键长、键能及形成的键角完全相同(图 4-1)。

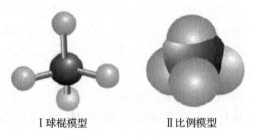

Ⅰ球棍模型　　　　Ⅱ比例模型

图 4-1　甲烷结构模型

2. 烷烃的结构、通式、同分异构现象

在有机化合物分子中，碳原子始终是以外层的 4 个电子与其他原子形成 4 个共价键。

在烷烃分子中碳与碳原子之间是以单键相连，碳的其他键都与氢原子相连，这样形成的结构中氢原子的比例最多，因此，烷烃也称为饱和烃。例如，乙烷、丙烷的化学式、结构式、结构简式分别为：

化学式　　　C_2H_6　　　　　　　　　　　　C_3H_8

结构式

$$H-\overset{\displaystyle H}{\underset{\displaystyle H}{C}}-\overset{\displaystyle H}{\underset{\displaystyle H}{C}}-H \qquad\qquad H-\overset{\displaystyle H}{\underset{\displaystyle H}{C}}-\overset{\displaystyle H}{\underset{\displaystyle H}{C}}-\overset{\displaystyle H}{\underset{\displaystyle H}{C}}-H$$

结构简式　　CH_3CH_3　　　　　　　　　　$CH_3CH_2CH_3$

烷烃的分子组成可表示为 C_nH_{2n+2}，此即烷烃的通式。与甲烷、乙烷、丙烷等结构相似，分子组成的通式相同的一系列物质称为同系物。

对于丁烷（C_4H_{10}），其分子结构有 2 种形式：

$$H-\overset{\displaystyle H}{\underset{\displaystyle H}{C}}-\overset{\displaystyle H}{\underset{\displaystyle H}{C}}-\overset{\displaystyle H}{\underset{\displaystyle H}{C}}-\overset{\displaystyle H}{\underset{\displaystyle H}{C}}-H \qquad CH_3CH_2CH_2CH_3$$

$$H-\overset{\displaystyle H}{\underset{\displaystyle H}{C}}-\overset{\displaystyle H}{\underset{\displaystyle C}{C}}-\overset{\displaystyle H}{\underset{\displaystyle H}{C}}-H \qquad CH_3CHCH_3$$

像这种分子组成相同，结构不同的现象称为同分异构现象，具有同分异构现象的几种物质互称为同分异构体。

同分异构现象在有机化合物中十分普遍，这也正是有机化合物种类繁多的原因之一，随着碳原子数目的增多，互为同分异构体的数目也增加迅速。例如，丁烷只有 2 种同分异构体，戊烷有 3 种，己烷有 5 种，庚烷有 9 种，而辛烷有 18 种之多，理论上，二十烷有366 319种同分异构体。

（二）烷烃的性质

1. 物理性质

烷烃随着分子中碳原子数的增多，其物理性质发生着规律性的变化。

①常温下，它们的状态由气态、液态到固态，且无论是气体还是液体，均为无色。一般地，$C_1\sim C_4$ 气态，$C_5\sim C_{16}$ 液态，C_{17} 以上固态，它们的熔、沸点由低到高。

②烷烃的密度由小到大，但都小于 $1g\cdot cm^{-3}$，即都小于水的密度。

③烷烃都不溶于水，易溶于有机溶剂。

2. 化学性质

烷烃的化学性质很稳定，在烷烃的分子里，碳原子之间都以碳碳单键相结合，同甲烷一样，碳原子剩余的价键全部跟氢原子相结合。因为 C—H 键和 C—C 单键相对稳定，难以断裂，在通常情况下，与强酸、强碱、强氧化剂都不反应。

（1）氧化反应。所有的烷烃都能燃烧，而且反应放热极多，可以提供巨大的能源。烷烃完全燃烧生成 CO_2 和 H_2O。如果 O_2 的量不足，就会产生有毒气体一氧化碳（CO），甚至炭黑(C)。

以甲烷为例:

$$CH_4 + 2O_2 \rightarrow CO_2 + 2H_2O$$

O_2 供应不足时,反应如下:

$$2CH_4 + 3O_2 \rightarrow 2CO + 4H_2O$$

$$CH_4 + O_2 \rightarrow C + 2H_2O$$

分子量大的烷烃经常不能够完全燃烧,它们在燃烧时会有黑烟产生,就是炭黑。汽车尾气中的黑烟就是由此而来。

(2)取代反应。甲烷与氯气在光照条件下可发生如下系列反应:

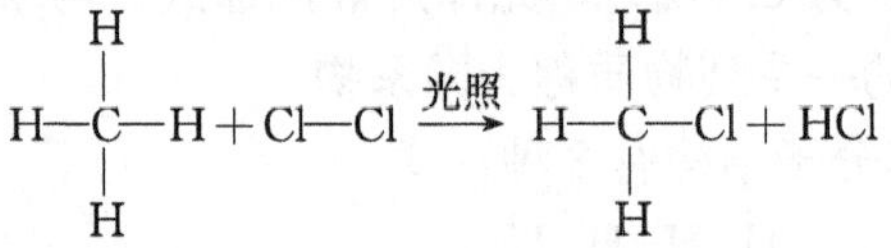

一氯甲烷

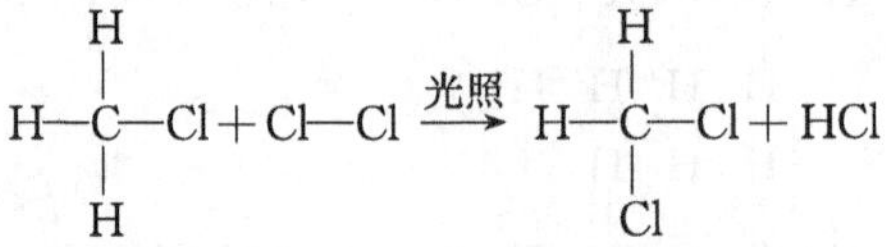

二氯甲烷

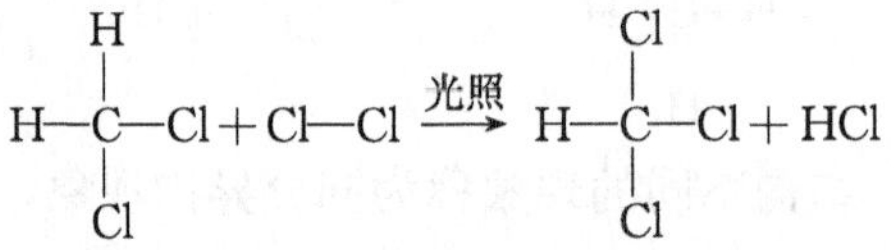

三氯甲烷、氯仿

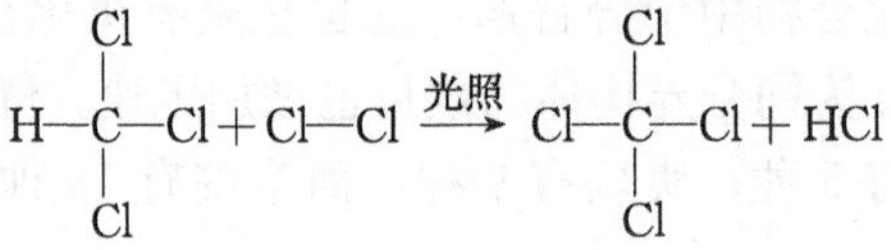

四氯甲烷、四氯化碳

有机化合物分子中的原子或原子团被另外的原子或原子团代替的反应叫作取代反应。光或热的诱导下,烷烃分子中 H 原子易被卤素原子取代,被认为是自由基引发的反应。其反应机理如下:

在光或热的诱导下,氯分子发生均裂。活泼的 Cl· 自由基与 CH_4 分子碰撞过程中,会夺去 CH_4 分子中的 H 原子形成 HCl 分子和新的 CH_3· 自由基。

$$Cl_2 \rightarrow 2Cl·$$

$$Cl· + CH_4 \rightarrow HCl + CH_3·$$

更为活泼的 CH_3· 自由基与 Cl_2 分子碰撞,夺去一个 Cl 原子形成 CH_3Cl 和 Cl· 自由基。

$$CH_3· + Cl_2 \rightarrow CH_3Cl + Cl·$$

这类反应每步都产生一个新的自由基,反应一经引发就可以不断地重复下去,称为自由基链式反应。

(3)裂化反应。裂化反应是大分子烃在高温、高压或有催化剂的条件下,分裂成小分子烃的过程。例如，十六烷($C_{16}H_{34}$)经裂化可生成辛烷(C_8H_{18})和辛烯(C_8H_{16})。在工业中，深度的裂化叫作裂解，裂解的产物都是气态小分子烃，称为裂解气。

甲烷高温分解可得炭黑，用作颜料、油墨、油漆以及橡胶的添加剂等。

甲烷对人基本无毒，但浓度过高时，使空气中氧含量明显降低，使人窒息。当空气中甲烷达25%～30%时，可引起头痛、头晕、乏力、注意力不集中、呼吸和心跳加速、共济失调。若不及时远离，可致窒息死亡。皮肤接触液化的甲烷，可致冻伤。

烷烃的作用主要是做燃料。天然气和沼气(主要成分为甲烷)是近来广泛使用的清洁能源。石油分馏得到的各种馏分适用于各种发动机：

C_1～C_4(40℃以下时的馏分)是石油气，可作为燃料；

C_5～C_{11}(40～200℃时的馏分)是汽油，可作为燃料，也可作为化工原料；

C_9～C_{18}(150～250℃时的馏分)是煤油，可作为燃料；

C_{14}～C_{20}(200～350℃时的馏分)是柴油，可作为燃料；

C_{20}以上的馏分是重油，再经减压蒸馏能得到润滑油、沥青等物质。

烷烃经过裂解得到烯烃这一反应已成为近年来生产乙烯的一种重要方法。

二、烯烃与炔烃

(一)烯烃、炔烃的结构与命名

1. 烯烃、炔烃的结构、通式、同分异构现象

烯烃是指分子结构中含 C═C 键(碳碳双键)的碳氢化合物，含一个 C═C 的叫单烯烃，含两个 C═C 的叫二烯烃，依次类推。单烯烃的分子组成通式为 C_nH_{2n}。图 4-2 为乙烯结构模型。

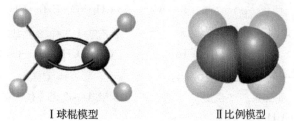

Ⅰ球棍模型　　　　　　　Ⅱ比例模型

图 4-2　乙烯结构模型

炔烃是指分子结构中含 C≡C 键(碳碳叁键)的碳氢化合物，含一个 C≡C 的炔烃分子组成的通式为 C_nH_{2n-2}。图 4-3 为乙炔结构模型。

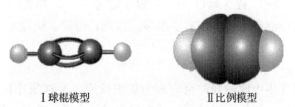

Ⅰ球棍模型　　　　　　　Ⅱ比例模型

图 4-3　乙炔结构模型

含碳原子较多的烯烃、炔烃同分异构现象也十分普遍，其不仅有像烷烃那样的碳链异构，还有双键的位置异构及空间顺反异构。例如，丁烯(C_4H_8)的同分异构体如下：

$$CH_2=CH-CH_2-CH_3$$

1-丁烯

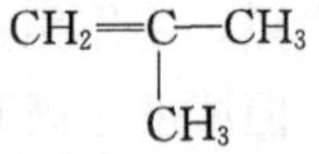

$$CH_2=C-CH_3$$
$$|$$
$$CH_3$$

2-甲基-1-丙烯(2-甲基丙烯)

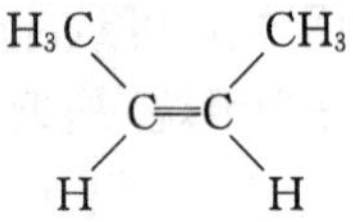

H₃C、CH₃ 顺-2-丁烯

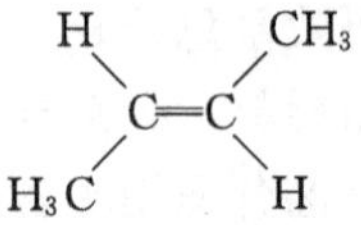

反-2-丁烯

2. 烯烃、炔烃的命名

烯烃、炔烃的系统命名与烷烃类似，仍然按 3 步进行：

(1)选主链。选择含 C=C（或 C≡C）的最长碳链为主链，有几条相同的碳链时，应选择含取代基多的碳链为主链。

(2)编号。给主链编号时，从离 C=C（或 C≡C）最近的一端开始。若两端离 C=C（或 C≡C）一样近，则再考虑取代基，应使各取代基都有尽可能小的编号或取代基位次数之和最小。

(3)书写名称。用阿拉伯数字表示取代基的位次，先写出取代基的位次及名称，再写烯烃(或炔烃)的位次及名称；有多个取代基时，简单的在前，复杂的在后，相同的取代基合并写出，用汉字数字表示相同取代基的个数；阿拉伯数字与汉字之间用短线隔开。例如：

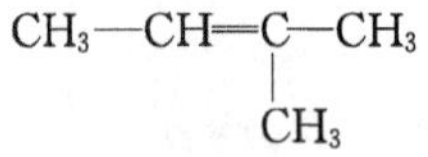

$$CH_3-CH=C-CH_3$$
$$|$$
$$CH_3$$

2-甲基-2-丁烯

$$CH_2CH_3$$
$$|$$
$$CH_2=C-CH_2-CH_3$$

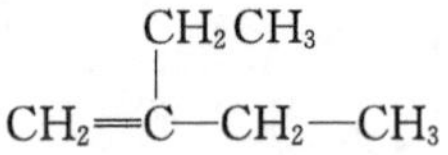

2-乙基-1-丁烯(2-乙基丁烯)

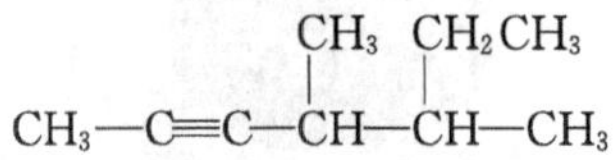

$$CH_3-C≡C-CH-CH_3$$

4，5-二甲基-2-庚炔

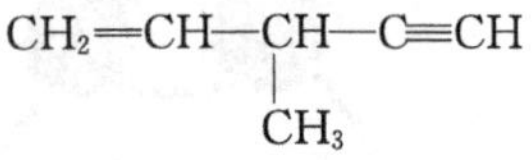

$$CH_2=CH-CH-C≡CH$$
$$|$$
$$CH_3$$

3-甲基-1-戊烯-4-炔

$$CH_2=C-CH=CH_2$$
$$|$$
$$CH_3$$

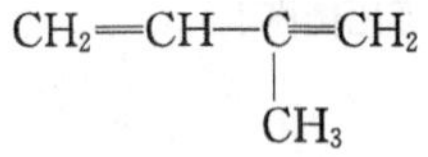

2-甲基-1，3-丁二烯

(二)烯烃、炔烃的性质

烯烃、炔烃中的 C=C 或 C≡C 中有一根 σ 键与 C—C 单键一样稳定，而另一根或两根 π 键则不同，其键能要小得多，容易断裂，因此，烯烃、炔烃的化学性质比烷烃活泼得多。

1. 催化加氢

烯烃、炔烃与氢作用生成烷烃的反应称为加氢反应，又称氢化反应。在有机化学中，加氢反应又称还原反应。加氢反应的催化剂多数是过渡金属，如镍、钯、铂等。

$$CH_2=CH_2 + H_2 \longrightarrow CH_3CH_3$$

$$CH≡CH + 2H_2 \longrightarrow CH_3CH_3$$

加氢反应在工业上有重要应用。石油加工得到的粗汽油常用加氢的方法除去烯烃，得到加氢汽油，提高油品的质量。又如，常将不饱和脂肪酸酯氢化制备人工黄油，提高食用价值。

2. 亲电加成

烯烃和炔烃中的 π 电子云比较暴露，易受亲电试剂的进攻而发生亲电加成反应。

（1）与卤素加成。乙烯、乙炔通入溴水能使溴水褪色。

$$CH_2{=}CH_2 + Br_2 \longrightarrow \begin{matrix} CH_2-CH_2 \\ | \quad\ \ | \\ Br \quad Br \end{matrix}$$

1，2-二溴乙烷

$$CH{\equiv}CH + 2Br_2 \longrightarrow \begin{matrix} Br \quad Br \\ | \quad\ \ | \\ CH-CH \\ | \quad\ \ | \\ Br \quad Br \end{matrix}$$

1，1，2，2-四溴乙烷

（2）与卤化氢、水加成。

$$CH_3-CH{=}CH_2 + HCl \longrightarrow \begin{matrix} CH_3-CH-CH_2 \\ | \quad\ \ | \\ Cl \quad H \end{matrix}$$

2-氯丙烷

$$CH_3-CH{=}CH_2 + H-OH \longrightarrow \begin{matrix} CH_3-CH-CH_3 \\ | \\ OH \end{matrix}$$

2-丙醇

$$R-C{\equiv}CH + HX \longrightarrow R-CX{=}CH_2$$

$$R-CX{=}CH_2 + HX \longrightarrow R-CX_2-CH_3$$

在此类反应中，碳碳双键两端氢原子数目不同，在加成反应时，氢原子优先加到含氢较多的碳原子上。此为有机化学反应中的马氏规则。

炔烃和卤化氢的加成反应是分两步进行的，如乙炔与溴化氢加成，首先生成溴乙烯，溴乙烯分子与第二个溴化氢分子加成时，溴原子继续加在已有一个溴的碳原子上，生成 CH_3CHBr_2。不对称炔烃与 HX 加成时遵从马氏规则。

$$CH{\equiv}CH \xrightarrow{HBr} \begin{matrix} CH_2{=}CH \\ | \\ Br \end{matrix} \xrightarrow{HBr} \begin{matrix} Br \\ | \\ CH_3-CH \\ | \\ Br \end{matrix}$$

3. 聚合反应

烯烃分子在一定的条件下，可以发生自身加成反应，即聚合反应，此类反应有极高的经济意义，得到的高聚物有很高的工业价值，如塑料中的聚乙烯和聚丙烯。

$$nCH_2{=}CH_2 \longrightarrow {\leftarrow}CH_2-CH_2{\rightarrow}_n$$

$$nCH_3-CH{=}CH_2 \longrightarrow \begin{matrix} {\leftarrow}CH-CH_2{\rightarrow}_n \\ | \\ CH_3 \end{matrix}$$

炔烃的聚合反应较复杂。乙炔在不同的催化剂和反应条件下，发生各种不同的聚合反应，生成链状或环状的化合物。例如，乙炔若发生二分子聚合反应时，生成乙烯基乙炔

CH_2=CH—C≡CH；若在适当的催化剂存在下，3 个分子的乙炔聚合成苯。

4. 氧化反应

乙烯、乙炔能使酸性高锰酸钾褪色。

(1)烯烃在冷、稀的高锰酸钾中性或碱性溶液中被氧化生成邻二醇。

$$CH_2=CH_2 + KMnO_4 + H_2O \longrightarrow MnO_2 + KOH + \underset{\underset{OH\quad OH}{|\qquad |}}{CH_2—CH_2}$$

在酸性高锰酸钾溶液的作用下，碳碳双键断裂，生成酮、羧酸和二氧化碳等。

$$RCH=CH_2 \xrightarrow{KMnO_4(H^+)} RCOOH + CO_2 + H_2O$$

$$\underset{\underset{R_1\ R_2}{|\ |}}{R—C=CH} \longrightarrow \overset{\overset{O}{\|}}{R—C}—R_1 + R_2COOH$$

(2)炔烃在和高锰酸钾水溶液中的反应。

温和条件，pH＝7.5 时：

$$RC≡CR' \longrightarrow RCO—OCR'$$

剧烈条件，100℃时，酸性环境：

$$RC≡CR' \longrightarrow RCOOH + R'COOH$$

$$CH≡CR \longrightarrow CO_2 + RCOOH$$

根据上述氧化反应的产物，可试以推断原来烯烃、炔烃的构造。

5. 金属炔化物的生成

连接在 C≡C 碳原子上的氢原子相当活泼，易被金属取代，生成金属炔化物。例如，将乙炔通入硝酸银氨溶液或氯化亚铜氨溶液中，分别生成白色的乙炔银和砖红色的乙炔亚铜沉淀。

$$CH≡CH + Cu_2Cl_2 \longrightarrow CCu≡CCu \downarrow$$

上述反应极为灵敏，常用来鉴定具有 R—C≡CH 构造特征的炔烃，并可利用这一反应从混合物中把叁键在链端的炔烃分离出来。

三、芳香烃

芳香烃简称"芳烃"，通常指分子中含有苯环结构的碳氢化合物。具有苯环基本结构，历史上早期发现的这类化合物多有芳香味道，所以称这些烃类物质为芳香烃，后来发现的不具有芳香味道的烃类也都统一沿用这种叫法，如苯、萘等。

(一)芳香烃的结构与命名

1. 苯的结构

苯的分子组成为 C_6H_6。轨道杂化理论认为：苯环中碳原子呈 sp^2 杂化状态，并以 sp^2 杂化轨道与相邻碳原子的 sp^2 杂化轨道形成碳碳 σ 键，同时又以 sp^2 杂化轨道，分别与一个氢原子的 s 轨道形成碳氢 σ 键，如图 4-4(a)所示。6 个碳原子各自剩下的一个 p 轨道，其对称轴垂直于 σ 键所在平面，彼此相互平行侧面相互交盖形成一个闭合的大 π 键共轭体系，如图 4-4(b)所示。大 π 键的 π 电子高度离域，使 π 电子云完全平均化，像两个救生圈，分别处于苯环的上下面，如图 4-4(c)所示，从而使体系能量显著降低，苯分子得到稳定。所以苯的分子结构通常写成下列两种形式：

（已废止）

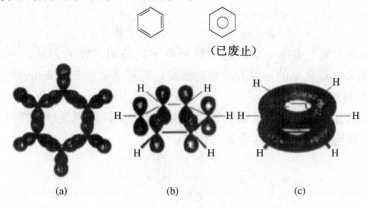

图 4-4 苯分子结构示意图

2. 苯的同系物的命名

苯的同系物是指组成为 C_nH_{2n-6}，含有一个苯环结构的化合物。苯的同系物的命名是以苯环为母体，烷基作为取代基，称为某烷基苯（"基"字常省略）。当苯环上连有两个或两个以上的取代基时，可用阿拉伯数字表明它们的相对位次；当苯环上只有两个取代基时，也常用"邻""间""对"等字头表明它们的相对位次；当苯环上连有 3 个相同的取代基时，也常用"连""偏""均"等字头表示。例如：

甲苯　　　　　　　乙苯　　　　　　　1-甲基-2-乙基苯

1，2-二甲苯　　　1，3-二甲苯　　　1，4-二甲苯
（邻二甲苯）　　　（间二甲苯）　　　（对二甲苯）

1，2，3-三甲苯　　1，2，4-三甲苯　　1，3，5-三甲苯
（连三甲苯）　　　（偏三甲苯）　　　（均三甲苯）

当苯环上连有不饱和烃基，命名时，通常以不饱和烃作母体，苯环作为取代基。例如：

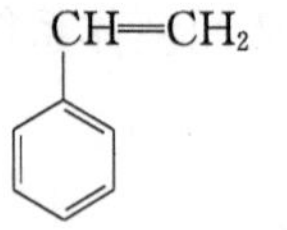

苯乙烯 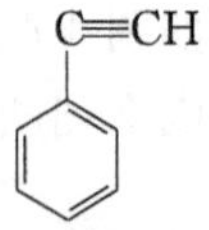　　　　　　　　　　苯乙炔

芳烃分子中的芳环上去掉一个氢原子后所剩下的基团，称为芳基。一价芳基通常用"Ar"表示。最简单、最常见的一价芳基称为苯基，苯基也常用 Ph(phenyl 的缩写)表示。

3. 多环芳烃和稠环芳烃

多环芳烃是指分子中含两个及以上苯环结构的化合物，稠环芳烃是指分子中苯环之间共用两个或多个碳原子所形成的化合物。例如：

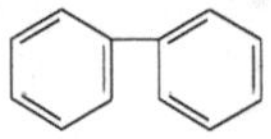

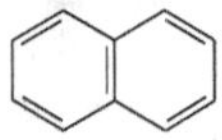

联苯　　　　　萘

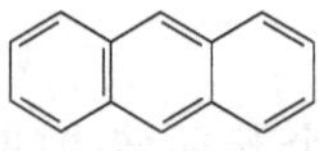

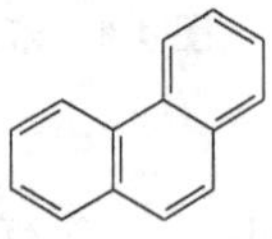

蒽　　　　　　菲

(二)苯及其同系物的性质

由于苯分子结构的特殊性，苯及其同系物既具有饱和烃的特性，也具有不饱和烃的特性。

1. 苯环上的亲电取代反应

有离域大 π 键的富电子苯环结构易受到亲电试剂进攻而发生亲电取代反应。苯环上的氢原子被取代的反应包括卤化、硝化、磺化、烷基化、酰基化等反应，是苯及其同系物最重要的化学反应。

(1)卤化。以铁粉或无水三氯化铁为催化剂，苯与卤素发生卤代反应生成卤苯，如与氯气作用生成氯苯：

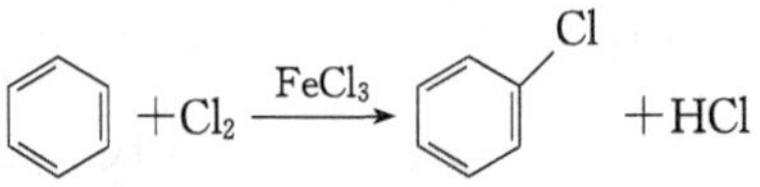

该反应只有在催化剂的存在下才能发生，以 $FeCl_3$(路易斯酸)作为催化剂可使 Cl_2 异裂得到 $FeCl_4^-$ 和 Cl^+ 离子，亲电性的 Cl^+ 离子进攻苯环得到氯苯。

卤素不同，与苯发生取代反应的活性也不同，其活性次序为：氟＞氯＞溴＞碘。

卤苯的进一步卤代比苯困难，产物主要是邻二卤苯和对二卤苯。而烷基苯的卤代比苯容易。以铁粉或无水三氯化铁为催化剂，卤代主要生成邻位和对位取代物。例如：

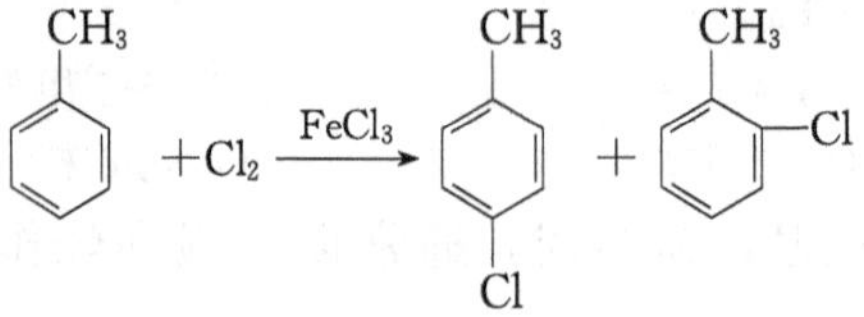

在光照或加热的情况下，卤素与烷基苯反应不是取代苯环上的氢原子而是取代苯环侧链 α-碳上的氢原子。例如：

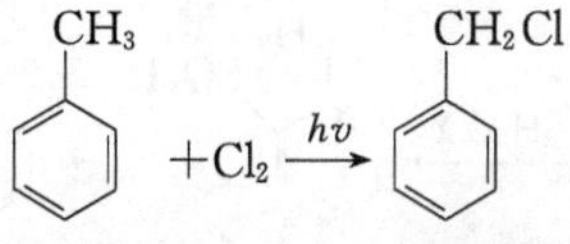

（2）硝化。苯及其同系物与浓硝酸和浓硫酸混合物（也称混酸）发生硝化反应，苯环上的一个氢原子被硝基取代生成硝基苯。例如：

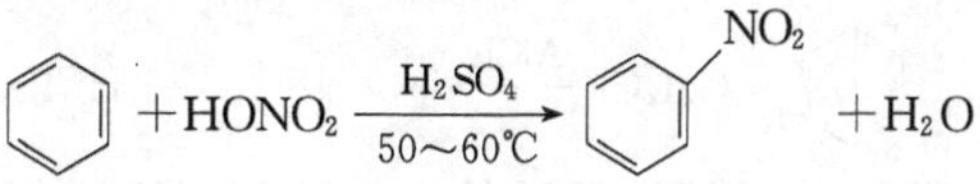

在浓硫酸作用下，硝酸能异裂生成硝酰正离子 NO_2^+，亲电离子 NO_2^+ 进攻苯环取代氢得到硝基苯。因而硝化反应也是亲电取代反应。

硝基苯在较高温度下，可以继续硝化，主要生成间二硝基苯：

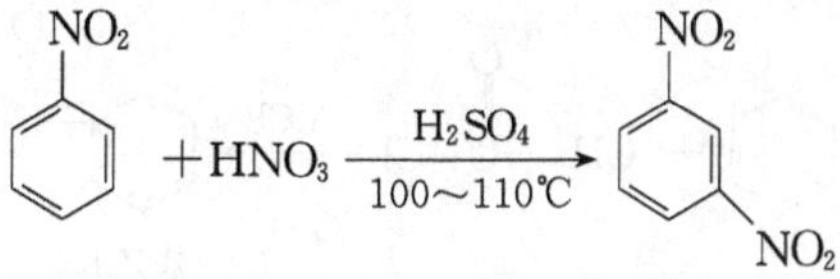

甲苯的硝化比苯容易些，甲苯的硝化主要生成邻硝基甲苯和对硝基甲苯，甚至可以生成 2，4，6-三硝基甲苯（TNT）：

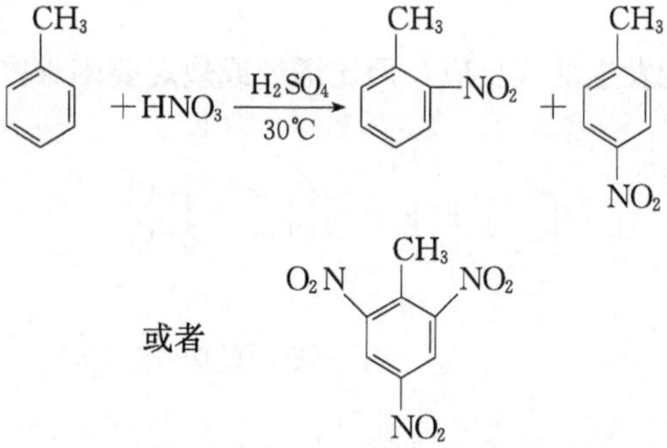

（3）磺化。苯及其同系物与浓硫酸或发烟硫酸发生磺化反应，环上的一个氢原子被磺酸基取代生成苯磺酸。例如：

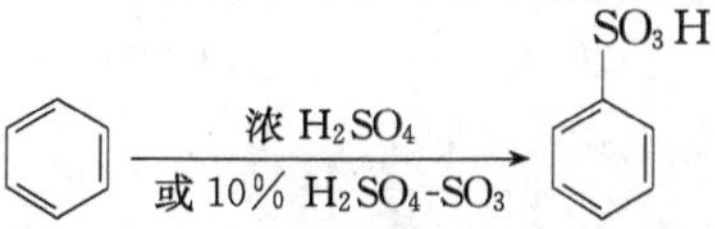

该反应的机理与硝化反应类似，进攻苯环的亲电离子是 HSO_3^+。与卤代、硝化反应不同，磺化反应是可逆反应，反应生成的水会稀释浓硫酸，从而减慢磺化反应，加快苯磺酸的水解。

甲苯的磺化比苯容易些。甲苯的磺化主要生成邻甲苯磺酸和对甲苯磺酸。

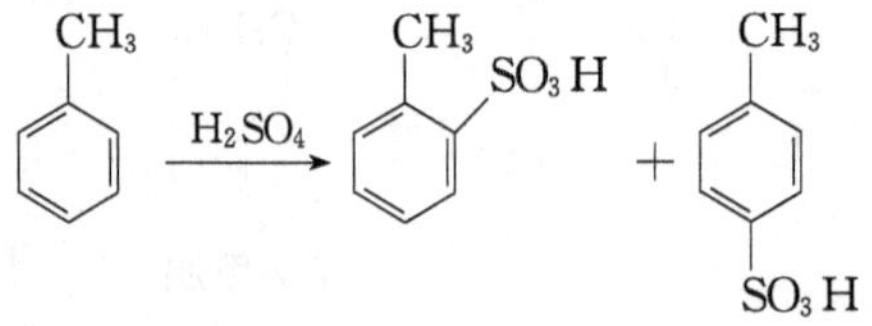

（4）烷基化。在路易斯酸无水氯化铝等催化下，芳烃与卤代烷发生烷基化反应，环上的氢原子被烷基取代生成烷基芳烃。例如：

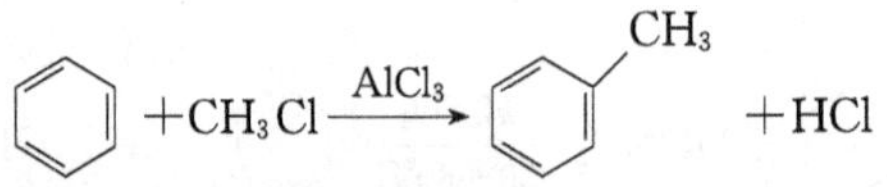

催化剂 $AlCl_3$ 使 CH_3Cl 转化为活性较强的亲电试剂 CH_3^+，CH_3^+ 进攻苯环取代氢得到甲苯，因而烷基化反应也是亲电取代反应。

（5）酰基化反应。在路易斯酸无水氯化铝等催化下，芳烃与酰卤、酸酐和酸发生酰基化反应，环上的氢原子被酰基取代生成芳酮。例如：

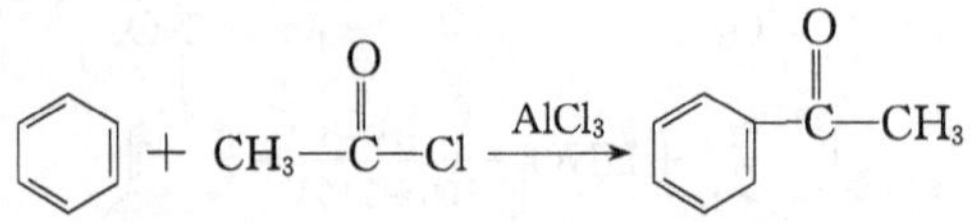

苯乙酮

酰基化反应机理与烷基化类似，亲电试剂为 CH_3CO^+。烷基化反应与酰基化反应统称为傅－克反应，其应用范围广，是有机合成中最有用的反应之一。

2. 加成反应

苯在一定条件下也能发生加成反应，但比烯烃或炔烃要困难些，例如：

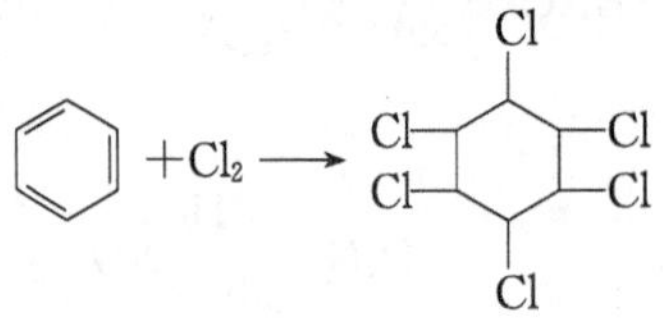

六氯环己烷（六六粉）

3. 氧化反应

苯不能使酸性高锰酸钾褪色，但甲苯、乙苯等却能使之褪色。甲苯、乙苯等烷基苯易被强氧化剂（如高锰酸钾、重铬酸钾等）氧化生成苯甲酸。氧化时只是侧链烷基被氧化成为羧基，且不论烷基的长短，一般都生成苯甲酸。例如：

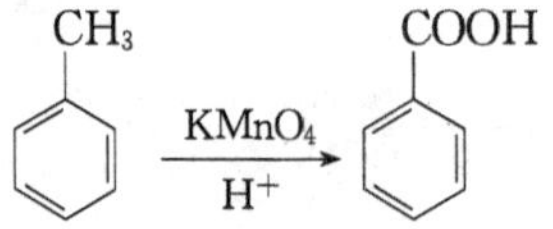

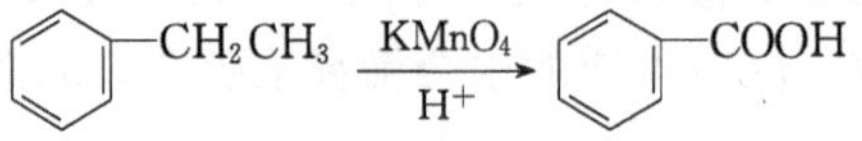

第三节 含氧有机物

一、醇、酚、醚

(一)醇

1. 醇的结构

醇可以看作是烃分子中的氢原子被羟基取代后的化合物(图4-5)。

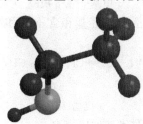

图4-5 乙醇分子结构模型

2. 醇的分类

(1)根据羟基相连的碳原子种类,分成伯醇、仲醇和叔醇。

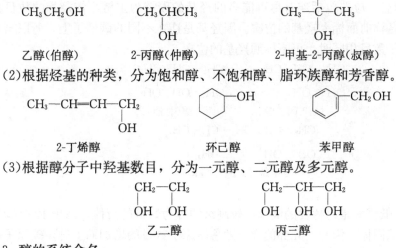

CH₃CH₂OH   CH₃CHCH₃   CH₃—C—CH₃

乙醇(伯醇)   2-丙醇(仲醇)   2-甲基-2-丙醇(叔醇)

(2)根据烃基的种类,分为饱和醇、不饱和醇、脂环族醇和芳香醇。

2-丁烯醇   环己醇   苯甲醇

(3)根据醇分子中羟基数目,分为一元醇、二元醇及多元醇。

乙二醇   丙三醇

3. 醇的系统命名

(1)选主链。选择连有羟基的碳原子在内的最长的碳链为主链,按主链的碳原子数称为"某醇"。

(2)编号。从靠近羟基的一端将主链的碳原子依次用阿拉伯数字编号,使羟基所连的碳原子的位次尽可能小。

(3)命名。命名时把取代基的位次、名称及羟基的位次写在母体名称"某醇"的前面。

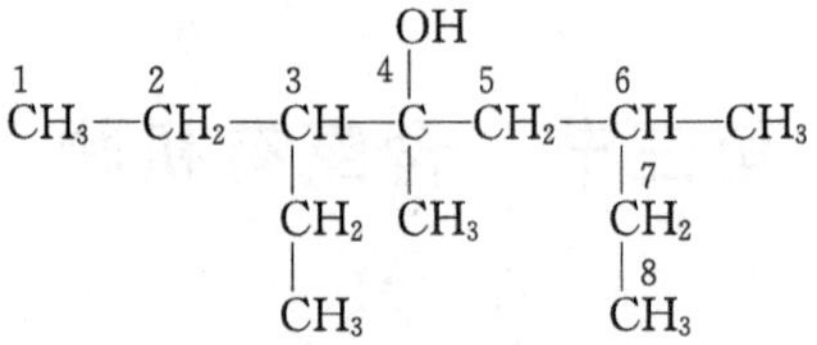

$$CH_3-CH_2-\overset{3}{C}H-\overset{4}{\underset{|}{C}}-\overset{5}{C}H_2-\overset{6}{C}H-CH_3$$

4，6-二甲基-3-乙基-4-辛醇

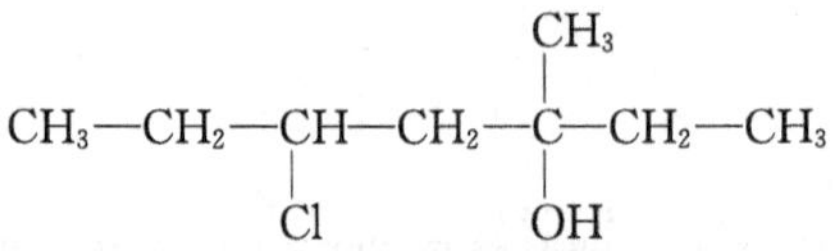

$$CH_3-CH_2-CH-CH_2-\underset{|}{C}-CH_2-CH_3$$

3-甲基-5-氯-3-庚醇

(4)不饱和醇命名。应选择包括连有羟基和含不饱和键在内的最长的碳链做主链，从靠近羟基的一端开始编号。

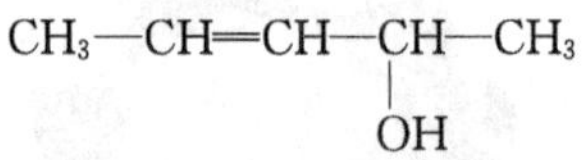

$$CH_3-CH=CH-\underset{\underset{OH}{|}}{C}H-CH_3$$

3-戊烯-2-醇

(5)芳香醇命名。将芳基作为取代基加以命名。

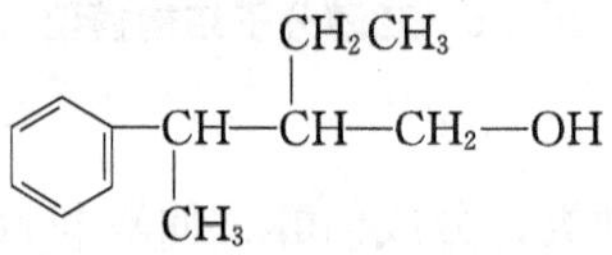

2-乙基-3-苯基-1-丁醇

(6)多元醇的命名。应选包括连有尽可能多的羟基的碳链为主链，依羟基的数目称二醇、三醇等，并在名称前面标上羟基的位次。因羟基是连在不同的碳原子上，所以当羟基数目与主链的碳原子数目相同时，可不标明羟基的位次。

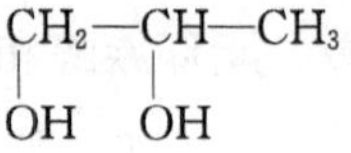

1，2-丙二醇 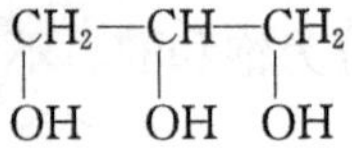　　　　丙三醇（甘油）

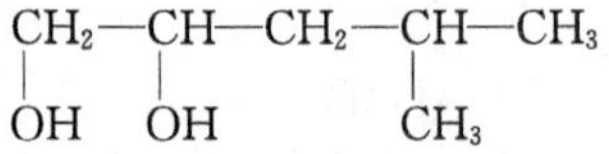

4-甲基-1，2-戊二醇

4. 醇的性质

(1)物理性质。低级醇是易挥发的液体，较高级的醇为黏稠的液体，高于12个碳原子的醇在室温下为蜡状固体。饱和一元醇的沸点随着碳原子数目的增加而上升，碳原子数目相同的醇，支链越多，沸点越低。低级醇能与水混溶，随分子量的增加溶解度降低。低级醇可与氯化钙、氯化镁等形成结晶醇化合物，因此，醇类不能用氯化钙等作为干燥剂除去水分。

(2)化学性质。醇的化学性质主要由羟基官能团所决定，同时也受到烃基的一定影响，从化学键来看，反应的部位有 C—OH、O—H 和 C—H。

①与活泼金属反应　由于氢氧键是极性键，它具有一定的解离出氢质子的能力，因此醇与水类似，可与活泼的金属钾、钠等作用，生成醇钠或醇钾，同时放出氢气。

$$H—OH + Na \longrightarrow NaOH + H_2 \uparrow \quad 反应剧烈$$

$$CH_3CH_2O—H + Na \longrightarrow CH_3CH_2ONa + H_2 \uparrow \quad 反应缓慢$$

醇羟基中的氢原子不如水分子中的氢原子活泼，当醇与金属钠作用时，比水与金属钠作用缓慢得多，而且所产生的热量不足以使放出的氢气燃烧。因此，某些反应过程中残留的钠可用乙醇处理，以除去多余的金属钠。

各种不同结构的醇与金属钠反应的速率不同，其活性顺序为：甲醇＞伯醇＞仲醇＞叔醇，与醇的酸性顺序一致。因为随着 α-C 上的烷基支链增多，醇的供电子能力增强，酸性随之减弱。

②与氢卤酸反应　醇与氢卤酸发生取代反应，卤原子取代羟基，生成卤代烃和水，这是制备卤代烃的重要方法。

$$R—OH + HX \longrightarrow R—X + H_2O$$

HX 的反应活性：HI＞HBr＞HCl。

醇的反应活性：苄醇＞烯丙式醇＞叔醇＞仲醇＞伯醇＞CH_3OH。不同结构的醇与氢卤酸反应速率不同，据此可用于区别伯、仲、叔醇，所用的试剂为无水氯化锌和浓盐酸配成的溶液，称为卢卡斯试剂。

$$H_3C—\overset{\overset{\displaystyle CH_3}{|}}{\underset{\underset{\displaystyle CH_3}{|}}{C}}—OH + HCl(浓) \xrightarrow[室温]{无水\ ZnCl_2} H_3C—\overset{\overset{\displaystyle CH_3}{|}}{\underset{\underset{\displaystyle CH_3}{|}}{C}}—Cl + H_2O$$

1min 浑浊

$$CH_3—\overset{\overset{\displaystyle }{|}}{\underset{\underset{\displaystyle OH}{|}}{CH}}—CH_2—CH_3 + HCl(浓) \xrightarrow[室温]{无水\ ZnCl_2} CH_3—\overset{\overset{\displaystyle }{|}}{\underset{\underset{\displaystyle Cl}{|}}{CH}}—CH_2—CH_3 + H_2O$$

10min 浑浊

$$CH_3CH_2CH_2CH_2OH + HCl(浓) \xrightarrow[室温]{无水\ ZnCl_2} CH_3CH_2CH_2CH_2Cl + H_2O$$

1h 也不反应，加热才浑浊

③酯化反应　醇与含氧无机酸（如硝酸、硫酸、磷酸等）作用，脱去水分子而生成无机酸酯。

$$CH_3CH_2OH + HO—NO_2 \longrightarrow CH_3CH_2O—NO_2 + H_2O$$

硝酸乙酯

$$\begin{matrix} CH_2OH \\ | \\ CHOH \\ | \\ CH_2OH \end{matrix} + 3HO—NO_2 \longrightarrow \begin{matrix} CH_2O—NO_2 \\ | \\ CHO—NO_2 \\ | \\ CH_2O—NO_2 \end{matrix} + 3H_2O$$

三硝酸甘油酯

醇与有机酸作用，生成有机酸酯（羧酸酯）。

$$ROH + CH_3COOH \underset{}{\overset{H^+}{\rightleftharpoons}} CH_3COOR + H_2O$$

酸和醇脱水生成酯的反应叫作酯化反应。

④脱水反应　醇与浓硫酸混合在一起，随着反应温度的不同，有两种脱水方式：在高

温下，可分子内脱水生成烯烃，在低温下也可分子间脱水生成醚。

$$CH_3CH_2OH + HOCH_2CH_3 \xrightarrow[140℃]{浓\ H_2SO_4} CH_3CH_2OCH_2CH_3 + H_2O$$

$$CH_3CH_2OH \xrightarrow[170℃]{浓\ H_2SO_4} CH_2\!=\!CH_2 \uparrow + H_2O$$

醇的分子内脱水与分子间脱水是两个竞争反应，叔醇脱水只能得到烯烃；仲醇易发生分子内脱水，烯烃是主要产物；只有伯醇在较低温度下与浓硫酸作用才能得到醚。

醇分子内脱水服从扎依切夫规则（或称反马氏规则），即生成双键碳原子上连有最多烃基的烯烃。

$$\underset{\underset{OH}{|}}{CH_3\!-\!CH\!-\!CH_2\!-\!CH_3} \xrightarrow{H^+} \underset{80\%}{CH_3\!-\!CH\!=\!CH\!-\!CH_3} + \underset{20\%}{CH_3\!-\!CH_2\!-\!CH\!=\!CH_2}$$

主要产物

氧化反应主要产物

醇分子中由于羟基的影响，使得 α-氢（与官能团相连碳上的氢叫 α-H）较活泼，容易发生氧化反应。伯醇和仲醇由于有 α-H 存在容易被氧化，而叔醇没有 α-H 不易被氧化（在剧烈条件下可发生复杂的氧化反应）。常用的氧化剂为重铬酸钾或高锰酸钾的酸性溶液。不同类型的醇得到不同的氧化产物。

伯醇首先被氧化成醛，醛继续被氧化生成羧酸：

$$RCH_2OH \xrightarrow{[O]} RCHO \xrightarrow{[O]} RCOOH$$

$$3CH_3CH_2OH + Cr_2O_7^{2-} \longrightarrow 3CH_3CHO + 2Cr^{3+}$$

$$3CH_3CHO + Cr_2O_7^{2-} \longrightarrow 3CH_3COOH + 2Cr^{3+}$$

橙红色　　　　　绿色

此反应可用于测定醇的含量，例如，检查司机是否酒后驾车的呼吸式酒精分析仪就是根据此反应原理设计的。测试器中用光源来测量溶液中绿色增加的程度，把它转换成呼吸中的酒精浓度，酒精越多，绿色越深。所测得的酒精浓度再乘以一个转换常数，即为血液中酒精浓度。通常呼吸酒精浓度与血液酒精浓度换算的比例约为 2 000∶1。

仲醇氧化成含相同碳原子数的酮，由于酮较稳定，不易被氧化，可用于酮的合成。

$$CH_3-\underset{\underset{OH}{|}}{CH}-CH_3 \xrightarrow[KMnO_4]{H^+} CH_3-\underset{\underset{}{\overset{O}{\|}}}{C}-CH_3$$

$$CH_3-\underset{\underset{OH}{|}}{CH}-CH_3 \xrightarrow[K_2Cr_2O_7]{H^+} \left[CH_3-\underset{\underset{CH_3}{|}}{\overset{OH-H}{\underset{|}{C}}}-OH \right] \xrightarrow{-H_2O} CH_3-\underset{\underset{}{\overset{O}{\|}}}{C}-CH_3$$

叔醇分子中羟基所连碳上没有氢，一般反应条件下不被氧化。

5. 重要的醇

(1)甲醇。俗称木精，无色透明的液体，能与水及许多有机溶剂混溶，有毒，内服少量(10mL)可致人失明，多量(30mL)可致死。白酒中甲醇的含量不能超过 0.04％。

(2)乙醇。俗称酒精，一般工业乙醇的浓度为 95.5％，99.5％的乙醇称为无水乙醇。乙醇能使蛋白质变性，浓度为 70％～75％的乙醇杀菌能力最强，在医药中常用作消毒剂和防腐剂。过量饮酒也会造成酒精中毒，乙醇的中毒量和致死量因个体差异而有较大不同，一般饮用 75～80g 可致中毒，250～500g 可致死。

(3)丙三醇。俗称甘油，为无色黏稠状具有甜味的液体，与水能以任意比例混溶。甘油具有很强的吸湿性，所以广泛用于化妆品、皮革、烟草、食品、纺织品等的吸湿剂。作皮肤润滑剂时，应用水稀释。甘油三硝酸酯俗称硝化甘油，是现在子弹普遍使用的无烟火药的主要成分。硝化甘油还具有扩张冠状动脉的作用，可用来治疗心绞痛。

(4)苯甲醇。又称苄醇，为无色液体。苯甲醇具有微弱的麻醉作用和防腐性能，用于配制注射剂可减轻疼痛。

(二)酚

羟基直接连在芳环上的化合物叫作酚，可以用 ArOH 表示，羟基是酚的官能团。为了区别于醇羟基，我们把酚中的羟基称为酚羟基。

1. 酚的分类和命名

酚按芳香环的不同，可分为苯酚、萘酚、蒽酚等；按分子中酚羟基的数目可分为一元酚、二元酚和多元酚。

酚的命名是在芳环之后加上"酚"字，有其他取代基时，一般在它的前面再冠以其他取代基的位次、数目和名称，可用 α、β、γ 或 1、2、3 或邻、间、对确定芳香环上取代基的位置。如果芳环上连有羧基、羰基、磺酸基等基团时，可将酚羟基作为取代基来命名。例如：

OH ⟍Cl 苯环 CH₃	OH 苯环	OH 苯环 ⟍NO₂
2-氯苯酚 (邻氯苯酚)	4-甲基苯酚 (对甲苯酚)	3-硝基苯酚 (间硝基苯酚)

对苯二酚　　　　β-萘酚　　　　　　β-溴-α-萘酚　　　　邻羟基苯甲酸

2. 苯酚的性质

纯净的苯酚是一种无色的晶体，具有特殊的气味，熔点为 43℃。在常温下稍溶于水，加热到 65℃ 以上能与水以任意比例互溶。易溶于乙醇、乙醚等有机溶剂。

(1)弱酸性。苯酚具有酸性，它的 $pK_a=9.96$，酸性比醇强（乙醇的 $pK_a=17$），苯酚可以溶于氢氧化钠水溶液中，并生成苯酚钠。

$$\text{C}_6\text{H}_5\text{OH} + \text{NaOH} \longrightarrow \text{C}_6\text{H}_5\text{ONa} + \text{H}_2\text{O}$$

苯酚俗称石碳酸，酸性比碳酸还弱，它甚至不能使指示剂变色。如果向苯酚钠盐的水溶液中通入 CO_2，就可使苯酚游离出来。

$$\text{C}_6\text{H}_5\text{ONa} + \text{CO}_2 + \text{H}_2\text{O} \longrightarrow \text{C}_6\text{H}_5\text{OH}$$

利用酚可以溶于碱，再加酸以后又可从溶液中析出，我们能够方便地从混合物中把它分离提取出来。

(2)芳环上的亲电取代反应。

①卤化反应　苯酚和溴水在常温下即可反应生成白色的 2，4，6-三溴苯酚沉淀。这个反应很灵敏，可用于苯酚的定性、定量测定。

$$\text{C}_6\text{H}_5\text{OH} + 3\text{Br}_2 \longrightarrow \text{C}_6\text{H}_2\text{Br}_3\text{OH} \downarrow + 3\text{HBr}$$

芳烃的卤代要在三氯化铁的催化下进行，苯酚与溴水在室温条件即可进行，可见酚分子里苯环上的取代反应比苯的取代反应容易得多。

②硝化反应　苯酚室温下即可用稀硝酸硝化，由于苯酚易被氧化，产率较低，但是两种异构体可以分离开，合成上仍具有价值。

$$\text{C}_6\text{H}_5\text{OH} + \text{HNO}_3(\text{稀}) \xrightarrow[20℃]{\text{稀 H}_2\text{SO}_4} \text{邻硝基苯酚} + \text{对硝基苯酚}$$

≈35%　　　≈15%

(3)与 $FeCl_3$ 的显色反应。大多数含有酚羟基的化合物能与 $FeCl_3$ 发生反应，并使溶液呈现不同的颜色，常用于鉴别酚类，而这种显色反应一般认为是生成了配合物。苯酚与 $FeCl_3$ 反应，呈现蓝紫色。

$$6\text{C}_6\text{H}_5\text{OH} + \text{FeCl}_3 \longrightarrow \text{H}_3[\text{Fe}(\text{C}_6\text{H}_5\text{O})_6] + 3\text{HCl}$$
蓝紫色

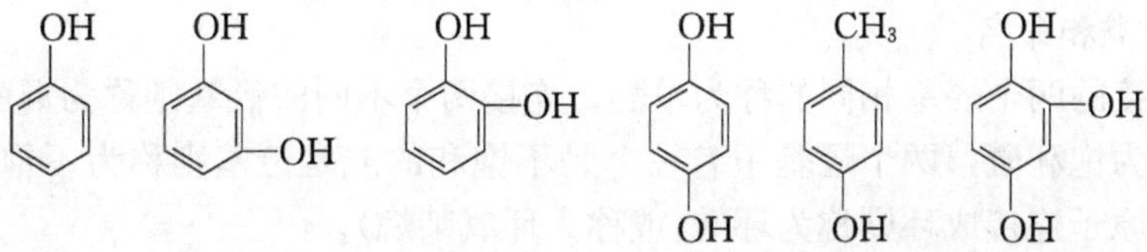

<table>
<tr><td>紫色</td><td>紫色</td><td>绿色</td><td>绿色</td><td>蓝色</td><td>蓝绿色</td></tr>
</table>

其他酚类也有类似的显色反应，如邻甲苯酚与 $FeCl_3$ 溶液呈红色，对硝基苯酚与 $FeCl_3$ 溶液呈棕色，邻苯二酚与 $FeCl_3$ 溶液呈绿色，α-萘酚与 $FeCl_3$ 溶液呈紫色等。需要强调指出的是：具有烯醇式结构 $—C\!=\!C—OH$ 的化合物也会与 $FeCl_3$ 发生显色反应，但一般醇类没有这种显色反应。

（4）氧化反应。酚类化合物非常容易被氧化，长期放置的苯酚，会慢慢在空气中从无色晶体变为粉红色。如果苯酚用 $K_2Cr_2O_7$ 氧化，不仅酚羟基被氧化，同时对位上的氢也被氧化，产物为对苯醌。

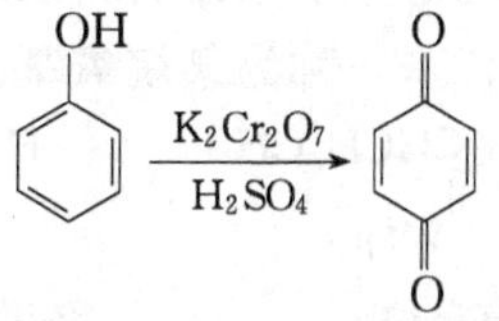

二元酚比一元酚更容易被氧化，邻位和对位的二元酚分别生成对应的邻苯醌和对苯醌产物。

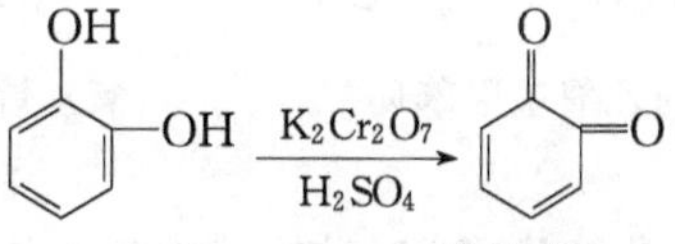

邻苯醌

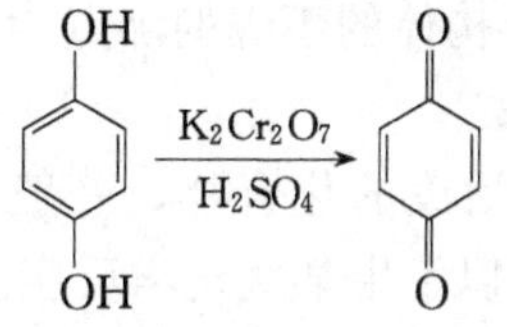

对苯醌

生活中，绿茶放置久了颜色会变暗，茶水放置一段时间后出现棕红色，是由于绿茶中含有的茶多酚类化合物被氧化导致的。

3. 苯酚的用途

苯酚是重要的有机化工原料。大量的苯酚用于制造炸药、染料、农药和塑料等。在苯酚的卤代物中，五氯苯酚是林业上常用的除草剂，它可杀死以种子繁殖的一年生杂草，适用于农田和果园。

(三)醚

醚可以看作水分子中两个氢原子被烃基取代而生成的化合物，醚分子中的 $—O—$ 称为醚键，也是醚的官能团。其通式可表示为 $R—O—R'$，式中 R 与 R' 可以相同，也可以不同。

1. 醚的分类和命名

氧原子连接的两个烃基相同的称为单醚，连接两个不同的烃基则称为混醚。两个烃基都是饱和的称为饱和醚，两个烃基中有一个是不饱和的或是芳基则称为不饱和醚或芳醚。如果烃基与氧原子连接成环则称为环醚（或称为环氧某烷）。

简单的醚，一般用普通命名法命名，即在烃基名称之后加"醚"字。对于单醚称为二某烃基醚，或省去"二"字称为某醚。对于混醚，基团排列的先后顺序按"次序规则"排列，即较优基团后列出，但芳基要放在烷基前面。

$$CH_3OCH_3 \qquad CH_3CH_2OCH_2CH_3 \qquad CH_2{=}CHOCH{=}CH_2$$

（二）甲醚　　　　（二）乙醚　　　　　（二）乙烯基醚

$$CH_3OCH_2CH_3 \qquad CH_3{-}O{-}\bigcirc$$

甲乙醚　　　　　　苯甲醚

对于结构复杂的醚可以当作烃的衍生物来命名，采用系统命名法，将碳链较长的烃基作为母体，碳链较短的烃基作为取代基，称为某烷氧基。

$$CH_3CH_2CH_2\underset{\underset{OCH_3}{|}}{C}HCH_2CH_3 \qquad CH_3\underset{\underset{OCH_3}{|}}{C}HCHOH$$

3-甲氧基己烷　　　　　　2-甲氧基丙醇

$$CH_3CH_2O{-}\bigcirc{-}CH_3 \qquad \underset{O}{\overset{CH_2{-}CH_2}{\diagup\!\!\diagdown}}$$

对乙氧基甲苯环　　　　　氧乙烷

2. 醚的性质

（1）物理性质。由于不能形成氢分子间氢键，醚的沸点比分子量相近的醇低得多，如乙醚沸点为 34.6℃，作为其同分异构体的丁醇的沸点为 117℃。醚是常见的有机溶剂，难溶于水，沸点较低，挥发性强，易燃。

（2）化学性质。醚属于一类不活泼的化合物，一般不与氧化剂、还原剂、碱、稀酸、金属钠等反应，但与强酸性物质可以发生某些化学反应。

①𨥥盐的形成　醚可以与浓酸形成𨥥盐（质子化的醚），这些强酸可以是浓 H_2SO_4、浓 HCl 等。

$$R{-}\overset{..}{\underset{..}{O}}{-}R + H_2SO_4 \longrightarrow \left[R{-}\overset{\overset{H}{|}}{\underset{..}{O}}{-}R \right]^+ HSO_4^-$$

$$\xrightarrow{H_2O} R{-}O{-}R + H_2SO_4$$

醚的碱性很弱，生成的𨥥盐由于是弱碱和强酸构成的盐，很不稳定，遇水就会分解，又恢复成原来的醚。利用此性质可进行醚与烷烃的分离：向混合物中加强酸溶液，醚溶解；去除有机层，加水稀释，形成醚层。

②醚键的断裂　醚与氢卤酸一起加热时，醚键会发生断裂，生成醇和相应的卤代烃，往往是含碳原子较少的烷基断裂下来与卤原子结合。但如果是在过量的氢卤酸存在下，生成的醇也可以变为卤代烃。

$$R-O-R' + HX \xrightarrow{\triangle} R-OH + R'X$$

$$\xrightarrow{HX} RX + H_2O$$

由于 HI 使醚键断裂能力最强，比较常用。通常，芳醚中的 C—O 键比较牢固，不能断裂。

（3）过氧化物的生成。醚对一般氧化剂是稳定的，但如长期放置与空气接触，会慢慢发生自动氧化，生成过氧化物。

$$CH_3CH_2OCH_2CH_3 + O_2 \longrightarrow CH_3CH_2OCHCH_3$$
$$\underset{O-OH}{}$$

过氧化物不稳定，遇热会发生分解，并容易引起爆炸，所以对于久置的醚在使用前必须检查是否含有过氧化物。方法是：用碘化钾—淀粉试纸检测，试纸变为蓝紫色；或加入 $FeSO_4$—KCNS 溶液中，混合液变为红色。这都表明醚中含有过氧化物。要除去这些过氧化物，可将醚用还原剂 $FeSO_4$ 溶液充分振摇和洗涤，以破坏其中的过氧化物。

3. 重要的醚

乙醚，无色液体，不易溶于水，有特殊的气味，易挥发，易燃烧，沸点 34.6℃。它的蒸气与空气混合后，遇明火爆炸。乙醚在工业上和实验室中被广泛用作溶剂，在医疗上曾作为麻醉剂。

二、醛、酮

(一)醛、酮的结构、分类和命名

1. 结构

醛和酮的分子结构中都有一个共同的官能团，羰基（ $\diagdown$ C=O ），羰基所连接的两个基团都是烃基的叫作酮，至少有一个是氢原子的叫作醛。

醛的通式为： $(Ar)R-\overset{O}{\overset{\|}{C}}-H$ ，官能团为：—CHO 醛基。

酮的通式为： $(Ar)R-\overset{O}{\overset{\|}{C}}-R'$ ，官能团为：—CO 酮基。

2. 分类

根据烃基结构不同，可分为：脂肪醛、酮（ C=O 与脂肪烃基相连）和芳香醛、酮（ C=O 至少有一端与苯环相连）。

根据分子中羰基数目不同分为：一元醛、酮（含一个羰基）和多元醛、酮（含两个及以上羰基）。

3. 系统命名

选择含羰基的最长碳链做主链，编号从靠近羰基的碳原子开始，主链依碳原子数目称为某醛（酮）。

脂环酮命名时，编号从羰基开始，称某环酮。

芳香醛、酮，把芳基作为取代基。

$$CH_3CHCH_2CHO \qquad C_6H_5—CH—CHO$$
$$\qquad | \qquad\qquad\qquad\qquad\qquad |$$
$$\qquad CH_3 \qquad\qquad\qquad\qquad\quad CH_3$$

3-甲基丁醛   2-苯基丙醛

$$CH_3CHCH_2CH_2CCH_3$$

5-甲基-2-己酮   3-甲基环己酮   1-苯基-1-丙酮

(二)醛、酮的性质

1. α-H 的取代反应

醛、酮中的羰基对 α-C 上的氢有活化作用，使得 α-H 易被其他官能团取代，如卤代反应。

$$RCH_2CHO + Cl_2 \xrightarrow{OH^-} \underset{\underset{Cl}{|}}{R}CHCHO \xrightarrow{Cl_2} \underset{\underset{Cl}{|}}{R}CCHO$$

含 α-H 的醛、酮都可反应，如有 3 个 α-H 存在，则 3 个 H 都能被取代，而使碳链断裂，发生卤仿反应。

$$CH_3—\overset{O}{\overset{||}{C}}—R(H) \xrightarrow{X_2,\,OH^-} CX_3—\overset{O}{\overset{||}{C}}—R(H) \xrightarrow{OH^-} CHX_3 \downarrow + (H)R—COO^-$$

常用 $I_2/NaOH$ 作为反应试剂，产物为淡黄色 CHI_3 沉淀，此反应称为碘仿反应。

$$CH_3—\overset{O}{\overset{||}{C}}H(R) + I_2 \xrightarrow{NaOH} (R)H—CONa + CHI_3 \downarrow$$

像乙醛和甲基酮等凡具有 $CH_3—\overset{O}{\overset{||}{C}}—$ 结构的羰基化合物都可发生碘仿反应，据此可用 $I_2/NaOH$ 来鉴别乙醛和甲基酮。

2. 亲核加成反应

在醛、酮分子中，因为羰基氧的电负性大于羰基碳，所以羰基碳带部分正电荷，易受亲核试剂的进攻而发生亲核加成反应。如与氢氰酸、醇等的加成反应。

$$R—\overset{O}{\overset{||}{C}}—R'(H) + HCN \longrightarrow R—\underset{\underset{CN}{|}}{\overset{\overset{OH}{|}}{C}}—R'(H)$$

氰醇

$$R—\overset{O}{\overset{||}{C}}—H + HOR' \underset{\xrightleftharpoons{干燥 HCl}}{} R—\underset{\underset{OR'}{|}}{\overset{\overset{OH}{|}}{C}}—H \xrightarrow[干燥 HCl]{HOR'} R—\underset{\underset{OR'}{|}}{\overset{\overset{OR'}{|}}{C}}—H + H_2O$$

半缩醛   缩醛

酮较难与醇进行加成反应。缩醛在 OH^- 中稳定，遇 H^+ 分解，在有机合成时可用于保护醛基。

3. 氧化反应

醛和酮最明显的区别是对氧化剂的敏感性，醛具有较强的还原能力，能被弱氧化剂氧化，而酮不能。

银镜反应：将氨水加入到硝酸银溶液中，至产生的沉淀刚好溶解为止，此即银氨溶液；在银氨溶液中加入适量的醛，水浴加热，即会在试管壁上附着一层光亮的银。此反应用于在玻璃上涂布银制镜子。

$$R-CHO+2[Ag(NH_3)_2]OH \xrightarrow{\triangle} R-COONH_4+2Ag\downarrow+3NH_3+H_2O$$

斐林反应：将硫酸铜溶液与等量的氢氧化钠的酒石酸钾钠溶液混合后，加入醛，水浴加热，产生砖红色沉淀。此反应可用于检测尿液中的葡萄糖含量。

$$R-CHO+Cu^{2+} \xrightarrow[\triangle]{碱性溶液} R-COONa+Cu_2O\downarrow$$

4. 还原反应

醛、酮都可以被还原。在金属镍、铂或钯的催化下与氢气作用，醛被还原成伯醇，酮被还原成仲醇。

$$\underset{\underset{H}{\overset{\displaystyle O}{\|}}}{R-C}\xrightarrow{[H]}RCH_2OH$$

$$\underset{\underset{R'}{\overset{\displaystyle O}{\|}}}{R-C}\xrightarrow{[H]} \underset{\underset{R'}{\overset{\displaystyle OH}{|}}}{R-CH}$$

(三)重要的醛、酮

1. 甲醛

甲醛又名蚁醛，是一种无色，有强烈刺激性气味的气体。易溶于水、醇和醚。35%～40%的甲醛水溶液叫作福尔马林。甲醛的用途非常广泛，合成树脂、表面活性剂、塑料、橡胶、皮革、造纸、染料、制药、农药、建筑材料以及消毒、熏蒸和防腐过程中均要用到甲醛；各种人造板材(刨花板、纤维板、胶合板等)中由于使用了脲醛树脂黏合剂，因而可含有甲醛；新式家具的制作，墙面、地面的装饰铺设，都要使用黏合剂，都可能含有甲醛。可以说甲醛是化学工业中的多面手，但任何东西的使用都必须有个限量，有一个标准，一旦使用超越了标准和限量，就会带来不利的一面。

甲醛是原浆毒物，能与蛋白质结合，吸入高浓度甲醛后，会出现呼吸道的严重刺激和水肿、眼刺痛、头痛，也可发生支气管哮喘；皮肤直接接触甲醛，可引起皮炎、色斑、坏死；经常吸入少量甲醛，能引起慢性中毒，出现黏膜充血、皮肤刺激症、过敏性皮炎、指甲角化和脆弱；孕妇长期吸入可能导致新生婴儿畸形，甚至死亡；男子长期吸入可导致男子精子畸形、死亡，性功能下降，严重的可导致白血病，气胸，生殖能力缺失；全身症状有头痛、乏力、胃纳差、心悸、失眠、体重减轻以及植物神经紊乱等。

2. 乙醛

乙醛又名醋醛，无色易流动液体，有刺激性气味。可溶于水、乙醇、氯仿、丙酮等。易燃，易挥发。蒸气与空气能形成爆炸性混合物，爆炸极限4%～57%(体积)。主要用于生产乙酸、乙酸乙酯和乙酸酐。

乙醛也具有一定的毒性，低浓度吸入会引起眼、鼻及上呼吸道刺激症状及支气管炎；

高浓度吸入有麻醉作用，表现有头痛、嗜睡、神志不清及支气管炎、肺水肿、腹泻、蛋白尿肝和心肌脂肪性病变等，量大可致死；对皮肤有致敏性，反复接触蒸气会引起皮炎、结膜炎；慢性中毒表现有体重减轻、贫血、谵妄、视听幻觉、智力丧失和精神障碍。

3. 丙酮

丙酮也称作二甲基酮，易燃、易挥发，熔点$-95℃$，沸点$56℃$，无色液体，有特殊气味，能与水、乙醇、氯仿、乙醚及大多数油类互溶。丙酮对人体没有特殊的毒性，但是吸入后可引起头痛、支气管炎等症状。如果大量吸入，还可能失去意识。蒸汽与空气混合可形成爆炸性混合物，爆炸极限$2.6\%\sim12.8\%$（体积）。

丙酮是良好的有机溶剂，在有机物的萃取方面有广泛应用，如在果蔬、食品、饲料、茶叶等农药残留检测方面用来提取里面的有机农药成分；丙酮能溶解502胶水，所以衣服上沾上502胶水，可以用丙酮除去；工业上主要作为溶剂用于炸药、塑料、橡胶、纤维、制革、油脂、喷漆等行业中，也可作为合成烯酮、醋酐、碘仿、聚异戊二烯橡胶、甲基丙烯酸、甲酯、氯仿、环氧树脂等物质的重要原料。

4. 樟脑

樟脑化学名为1,7,7-三甲基二环[2,2,1]庚烷-2-酮，天然樟脑由樟树提取获得，合成樟脑由松节油抽取。

樟脑具有一定的药理作用，涂于皮肤有温和的刺激及防腐作用。用力涂擦有发赤作用；轻涂则类似薄荷，有清凉感。误服樟脑制剂可引起中毒。内服$0.5\sim1.0g$可引起眩晕、头痛、温热感，乃至兴奋、谵妄等。$2.0g$以上在一暂时性的镇静状态后，即引起大脑皮层的兴奋，导致癫痫样痉挛，最后可由于呼吸衰竭乃至死亡。内服$7\sim15g$或肌肉注射$4g$，可致命。

夏天的时候，许多人把樟脑或臭丸（卫生球）放入衣柜里，以防止昆虫的蛀蚀。事实上，樟脑和臭丸在性质上是不同的。如果我们不当地使用它们，可能发生相反的效果。樟脑是酮类，它特别的香味由晶体升华出来，能够用于医药及预防昆虫蛀蚀等方面，它对人体和衣服没有任何坏影响，所以使用樟脑是安全的。

而臭丸是由萘制造而成，萘是从原油或煤焦油提取的一种稠环芳烃化合物。它升华出来的"臭"气有毒性，尤其伤害肝脏。它也对丝绸和尼龙有化学反应，所以在这些衣服上会出现一些孔洞。

三、羧酸、取代酸

（一）羧酸的结构、分类和命名

1. 结构

分子中含有羧基（$-\overset{\displaystyle O}{\overset{\|}{C}}-OH$）的化合物称为羧酸，一元羧酸的通式可表示为$R-COOH$或$Ar-COOH$。羧基由一个羰基和一个羟基组成，它们连在一起，相互影响，形成羧酸独特的性质。

2. 分类

(1)按羧基所连烃基的不同分类

脂肪酸：羧基与脂肪族烃基相连，如乙酸 CH_3COOH。

芳香酸：烃基中含有苯环，如苯甲酸 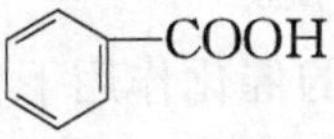。

饱和酸：与饱和烃基相连，如丙酸 CH_3CH_2COOH。

不饱和酸：与不饱和烃基相连，如丙烯酸 $CH_2=CHCOOH$。

(2)按羧基的个数分类

一元羧酸：分子中含一个羧基，如甲酸 HCOOH；

二元羧酸：分子中含两个羧基，如乙二酸(草酸) $\begin{array}{c}COOH\\|\\COOH\end{array}$ ；

多元羧酸：分子中含两个以上羧基。

3. 命名

羧酸的系统命名与醛的命名相似，选择包括羧基碳原子在内的最长碳链为主链，根据主链碳原子数目称为某酸，由羧基碳原子开始给主链编号，或用希腊字母 α、β 等从与羧基相邻碳原子开始编号。二元脂肪酸的命名，主链两端必须是羧基，称某二酸。

$$\begin{array}{l}\quad COOH\\ \quad |\\ CH_3CHCH_2CH_3\end{array}$$

2-甲基丁酸

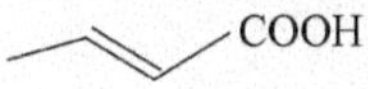

2-丁烯酸

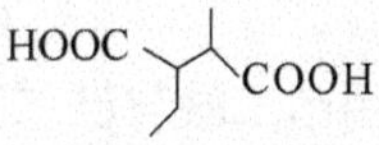

2-甲基-3-乙基丁二酸

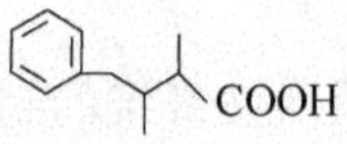

2,3-二甲基-4-苯基丁酸

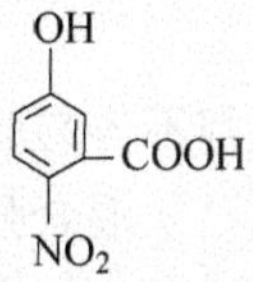

2-硝基-5-羟基苯甲酸

(二)羧酸的性质

饱和一元羧酸中，甲酸、乙酸、丙酸具有强烈酸味和刺激性；含有 4～9 个 C 原子的具有腐败恶臭，是油状液体；含 10 个 C 以上的为石蜡状固体，挥发性很低，没有气味。脂肪酸一般能溶于乙醇、乙醚、氯仿等有机溶剂，低级二元酸能溶于水。

1. 酸性

羧酸的水溶液呈酸性，可以使蓝色石蕊试纸变红。其酸性比醇的酸性要强得多，且比碳酸和一般的酚的酸性强，因此可与碳酸盐或碳酸氢盐反应。

$$RCOOH + NaOH \longrightarrow RCOONa + H_2O$$

$$RCOOH + NaHCO_3 \longrightarrow RCOONa + H_2O + CO_2\uparrow$$

2. 羧基上的—OH 的取代反应

羧酸分子中羧基上的—OH 可被一系列原子或原子团取代生成羧酸的衍生物。

$$\underset{\text{酯}}{\boxed{R-\overset{\underset{\|}{O}}{C}-OR'}} \quad \underset{\text{酰胺}}{\boxed{R-\overset{\underset{\|}{O}}{C}-NH_2}} \quad \underset{\text{酰卤}}{\boxed{R-\overset{\underset{\|}{O}}{C}-X}} \quad \underset{\text{酸酐}}{\boxed{R-\overset{\underset{\|}{O}}{C}-O-\overset{\underset{\|}{O}}{C}-R'}}$$

(1)酯化反应。羧酸和醇在酸的催化作用下失去一分子水而生成酯的反应称为酯化反应。常用的催化剂有盐酸、硫酸、苯磺酸等。

$$R-\overset{\underset{\|}{O}}{C}-OH + H-O^{18}-R' \underset{120\sim125℃}{\overset{H_2SO_4}{\rightleftharpoons}} R-\overset{\underset{\|}{O}}{C}-O^{18}-R' + H_2O$$

(2)成酰卤反应。羧酸与 PCl_3、PCl_5 等试剂都可以发生羧基中羟基被取代的反应，生成相应结构的酰氯。

$$3RCOOH + PCl_3 \longrightarrow 3RCOCl + H_3PO_3$$

(3)成酸酐反应。饱和一元羧酸在脱水剂作用下加热，两分子间失去一分子水生成酸酐。

$$2R-\overset{\underset{\|}{O}}{C}-OH \overset{P_2O_5}{\underset{\triangle}{\longrightarrow}} R-\overset{\underset{\|}{O}}{C}-O-\overset{\underset{\|}{O}}{C}-R + H_2O$$

(4)成酰胺反应。在羧酸中通入氨气或加入碳酸铵，可得到羧酸铵盐，铵盐热解失水而生成酰胺。

$$R-\overset{\underset{\|}{O}}{C}-OH + NH_3 \longrightarrow R-\overset{\underset{\|}{O}}{C}-ONH_4 \overset{-H_2O}{\underset{\triangle}{\longrightarrow}} R-\overset{\underset{\|}{O}}{C}-NH_2$$

此反应在工业上用于聚酰胺纤维的制备。利用己二酸与己二胺反应聚合可得到聚己二酸己二胺树脂，经定向抽丝即得到尼龙 66。

3. 脱羧反应

除甲酸外，乙酸的同系物直接加热都不容易脱去羧基(失去 CO_2)，但在特殊条件下也可以发生脱羧反应，如无水乙酸钠与碱石灰混合强热生成甲烷。

$$CH_3COONa + NaOH(热熔) \longrightarrow CH_4\uparrow + Na_2CO_3 (CaO 做催化剂)$$
$$HOOC—COOH(加热) \longrightarrow HCOOH + CO_2\uparrow$$

(三)重要的羧酸

1. 甲酸

甲酸又称蚁酸。蚂蚁分泌物和蜜蜂的分泌液中含有蚁酸，当初人们蒸馏蚂蚁时制得蚁酸，故有此名。甲酸无色而有刺激气味，且有腐蚀性，人类皮肤接触后会起泡红肿。熔点 8.4℃，沸点 100.8℃。由于甲酸的结构特殊，它的一个氢原子和羧基直接相连，也可看作是一个羟基甲醛。因此，甲酸同时具有酸和醛的性质。在化学工业中，甲酸被用于橡胶、医药、染料、皮革种类工业。

2. 乙酸

乙酸又称醋酸，广泛存在于自然界，被公认为食醋内酸味及刺激性气味的来源。在家庭中，乙酸稀溶液常被用作除垢剂。食品工业方面，在食品添加剂中，乙酸是规定的一种酸度调节剂。纯的无水乙酸又称冰醋酸，是无色的吸湿性液体，凝固点为 16.6℃，凝固后为无色晶体。工业上乙酸可用来制造电影胶片所需要的醋酸纤维素和木材用胶黏剂中的聚乙酸乙烯酯，以及很多合成纤维和织物。

3. 乙二酸

乙二酸又称草酸，是最简单的二元羧酸，广泛存在于自然界中，特别是植物中，如草本植物、大黄属植物、酢浆草、菠菜等，并常以钾盐的形式存在。在人或肉食动物的尿中，草酸以钙盐或草尿酸的形式存在。此外，肾和膀胱结石中也含有草酸钙。

(四)取代酸

羧酸分子中烃基上的氢原子被其他原子或原子团取代所得到的化合物叫作取代酸。其中重要的有羟基酸、羰基酸、卤代酸、氨基酸等。

1. 羟基酸

羟基酸包括醇酸和酚酸两类，当羧酸中脂肪烃基上的氢原子被羟基取代后所生成的化合物称为醇酸；当芳香烃基上的氢原子被羟基取代后所生成的化合物称为酚酸。这类化合物较多存在于动、植物体内，所以根据来源这类化合物多具有俗名。

$$CH_3-\underset{\underset{OH}{|}}{CH}-COOH \qquad HOOC-\underset{\underset{OH}{|}}{CH}-CH_2-COOH$$

2-羟基丙酸或 α-羟基丙酸(乳酸)　　　　2-羟基丁二酸(苹果酸)

$$HOOC-\underset{\underset{OH}{|}}{CH}-\underset{\underset{OH}{|}}{CH}-COOH$$

2，3-二羟基丁二酸(酒石酸)　　　　邻羟基苯甲酸(水杨酸)

$$HOOC-CH_2-\underset{\underset{OH}{\overset{\overset{COOH}{|}}{|}}}{C}-CH_2-COOH$$

3-羟基-3-羧基戊二酸(柠檬酸)

羟基酸除具有醇和酸的性质外，还有其特有的性质，如 α-羟基酸中的羟基比醇中的羟基更易被氧化，弱氧化剂托伦试剂就能将其氧化为羰基酸。

$$CH_3-\underset{\underset{OH}{|}}{CH}-COOH+[Ag(NH_3)_2]^+ \longrightarrow CH_3-\underset{\underset{O}{\|}}{C}-COOH+Ag$$

2. 羰基酸

分子中含有羰基的羧酸叫作羰基酸。根据羰基酸分子中羰基是否在链端可分为醛酸和酮酸；根据羰基酸分子羰基与羧基的相对位置不同可分为 α-羰基酸、β-羰基酸和 γ-羰基酸。最简单的 α-羰基酸是乙醛酸和丙酮酸。

$$H-\underset{\underset{O}{\|}}{C}-COOH \qquad CH_3-\underset{\underset{O}{\|}}{C}-COOH \qquad HOOC-\underset{\underset{O}{\|}}{C}-CH_2-COOH$$

乙醛酸　　　　　　　丙酮酸　　　　　　　　　α-丁酮二酸

四、酯、油脂

(一)酯

酯的结构通式为 $R_1-\overset{\overset{\displaystyle O}{\|}}{C}-O-C-R_2$ ，其是由酸的部分和醇的部分组成。

酯是根据形成它的酸和醇（酚）来命名的，如乙酸乙酯 $CH_3COOC_2H_5$、乙酸苯酯 $CH_3COOC_6H_5$、苯甲酸甲酯 $C_6H_5COOCH_3$ 等。酯类化合物广泛存在于自然界，如乙酸乙酯存在于酒、食醋和某些水果中；乙酸异戊酯存在于香蕉、梨等水果中；苯甲酸甲酯存在于丁香油中；水杨酸甲酯存在于冬青油中；高级和中级脂肪酸的甘油酯是动、植物油脂的主要成分；高级脂肪酸和高级醇形成的酯是蜡的主要成分。

酯在酸性或碱性条件下都能水解，生成原来的酸和醇，其中酸性条件下水解反应可逆，碱性条件下水解反应不可逆。例如，乙酸乙酯在酸性条件下水解方程式：

$$CH_3COOC_2H_5 + H_2O \underset{}{\overset{H^+}{\rightleftharpoons}} CH_3COOH + C_2H_5OH$$

(二)油脂

1. 油脂的组成和结构

(1)组成。油脂是脂肪和油的统称。在室温下，植物油脂通常呈液态，叫作油；动物油脂通常呈固态，叫作脂肪。它们在化学成分上都是高级脂肪酸跟甘油所生成的酯。组成油脂的脂肪酸，已知的有 50 多种。常见的高级脂肪酸见表 4-2。组成油脂的天然脂肪酸的共同特点是：①绝大多数是含偶数碳原子的直链羧酸，其中以 C_{16} 和 C_{18} 为多；②大多数含有一个、两个或三个双键，其中以 C_{18} 不饱和酸为主。多数脂肪酸在人体内都能合成，只有亚油酸、亚麻酸和花生四烯酸等多双键的不饱和脂肪酸，它们不能在人体内合成，必须由食物供给，故称为必需脂肪酸。

表 4-2　常见天然高级脂肪酸

类别	名称	构造式
饱和脂肪酸	月桂酸(十二烷酸)	$CH_3(CH_2)_{10}COOH$
	肉豆蔻(十四烷酸)	$CH_3(CH_2)_{12}COOH$
	棕榈酸(十六烷酸、软脂酸)	$CH_3(CH_2)_{14}COOH$
	硬脂酸(十八烷酸)	$CH_3(CH_2)_{16}COOH$
	二十四烷酸	$CH_3(CH_2)_{22}COOH$
不饱和脂肪酸	棕榈油酸(9-十六碳烯酸)	$CH_3(CH_2)_5CH=CH(CH_2)_7COOH$
	油酸(9-十八碳烯酸)	$CH_3(CH_2)_5CH=CH(CH_2)_7COOH$
	蓖麻油酸(12-羟基-9-十八碳烯酸)	$CH_3(CH_2)_5CHOHCH_2CH=CH(CH_2)_7COOH$
	亚油酸(9，12-十八碳二烯酸)	$CH_3(CH_2)_3(CH_2CH=CH)_2(CH_2)_7COOH$
	γ-亚油酸(6，9，12-十八碳三烯酸)	$CH_3(CH_2)_3(CH_2CH=CH)_2(CH_2)_4COOH$
	亚麻酸(9，12，15-十八碳三烯酸)	$CH_3(CH_2CH=CH)_3(CH_2)_7COOH$
	桐油酸(9，11，13-十八碳三烯酸)	$CH_3(CH_2)_3(CH=CH)_3(CH_2)_7COOH$
	花生四烯酸(5，8，11，14-二十碳四烯酸)	$CH_3(CH_2)_3(CH_2CH=CH)_4(CH_2)_3COOH$
	神经酸(15-二十四碳烯酸)	$CH_3(CH_2)_7CH=CH(CH_2)_{13}COOH$

（2）结构。油脂结构常以下式表示，式中 R_1、R_2、R_3 代表高级脂肪酸中的烃基：

$$
\begin{array}{l}
CH_2-O-\overset{\displaystyle O}{\overset{\|}{C}}-R_1 \\
CH-O-\overset{\displaystyle O}{\overset{\|}{C}}-R_2 \\
CH_2-O-\overset{\displaystyle O}{\overset{\|}{C}}-R_3
\end{array}
$$

在油脂分子中，若 3 个脂肪酸部分是相同的，称为单甘油酯（简单三酰甘油），若不同叫作混甘油酯（混合三酰甘油）。

甘油酯命名时将脂肪酸名称放在前面，甘油的名称放在后面，如果是单甘油酯，叫作三某酸甘油酯。如果是混合甘油酯，则需用 α，α' 和 β 分别表明脂肪酸的位次。

$$
\begin{array}{l}
CH_2-O-\overset{\displaystyle O}{\overset{\|}{C}}-C_{17}H_{35} \\
CH-O-\overset{\displaystyle O}{\overset{\|}{C}}-C_{17}H_{35} \\
CH_2-O-\overset{\displaystyle O}{\overset{\|}{C}}-C_{17}H_{35}
\end{array}
\qquad
\begin{array}{l}
CH_2-O-\overset{\displaystyle O}{\overset{\|}{C}}-C_{17}H_{35} \\
CH-O-\overset{\displaystyle O}{\overset{\|}{C}}-C_{17}H_{33} \\
CH_2-O-\overset{\displaystyle O}{\overset{\|}{C}}-C_{15}H_{31}
\end{array}
$$

三硬脂酸甘油酯　　　　α-硬脂酸-β-油酸-α'-软脂酸甘油酯

天然油脂是各种混合甘油酯的混合物。

2. 油脂的性质

物理性质：饱和的硬脂酸或软脂酸生成的甘油酯熔点较高，呈固态，即动物油脂通常呈固态；而由不饱和的油酸生成的甘油酯熔点较低，呈液态，即植物油通常呈液态。油脂密度比水小，不溶于水，易溶于汽油、乙醚、苯等多种有机溶剂。根据这一性质可用有机溶剂来提取植物种子里的油。常见脂肪和油的脂肪酸组成见表 4-3。

表 4-3　常见脂肪和油的脂肪酸组成

脂肪或油	脂肪酸（质量百分数）						
	月桂酸	肉豆蔻酸	棕榈酸	硬脂酸	油酸	亚油酸	亚麻酸
猪油		1～2	25～30	12～16	40～50	5～10	1
奶油	2～5	8～14	25～30	9～12	25～35	2～5	
牛油		3～5	25～30	20～30	40～50	1～5	
椰子油	45～48	16～18	8～10	2～4	5～8	1～2	
橄榄油			8～16	2～3	70～85	5～15	
大豆油			10	3	25～30	50～55	4～8
棉子油		1	20～25	1～2	20～30	45～50	
红花油			6	3	13～15	75～78	
亚麻油					20～35	15～25	40～60

化学性质：

（1）水解反应。一切油脂都能在酸、碱或酶（如胰脂酶）的作用下发生水解反应。

$$
\begin{array}{l}
CH_2-O-\overset{\displaystyle O}{\overset{\|}{C}}-C_{17}H_{35} \\
CH-O-\overset{\displaystyle O}{\overset{\|}{C}}-C_{17}H_{33} \\
CH_2-O-\overset{\displaystyle O}{\overset{\|}{C}}-C_{15}H_{31}
\end{array}
+ 3H_2O \underset{}{\overset{H^+}{\rightleftharpoons}}
\begin{array}{l}
CH_2OH \\
CHOH \\
CH_2OH
\end{array}
+
\begin{array}{l}
C_{17}H_{35}COOH \\
C_{17}H_{33}COOH \\
C_{15}H_{31}COOH
\end{array}
$$

如果在碱性溶液中使油脂水解，则生成甘油和高级脂肪酸的盐类（肥皂），因此，油脂在碱性溶液中的水解叫作皂化反应。例如：

$$
\begin{array}{l}
CH_2-O-C-C_{17}H_{35} \\
CH-O-C-C_{17}H_{35} \\
CH_2-O-C-C_{17}H_{35}
\end{array}
+ 3NaOH \longrightarrow
\begin{array}{l}
CH_2OH \\
CHOH \\
CH_2OH
\end{array}
+ 3C_{17}H_{35}COONa
$$

普通肥皂是各种高级脂肪酸钠盐的混合物。油脂用氢氧化钾皂化所得的高级脂肪酸钾盐质软，叫作软皂。医学上常用以洗净皮肤。"来苏儿"就是由煤酚和软皂制成的。

1g 油脂完全皂化时所需氢氧化钾的质量（单位：mg）称为皂化值。根据皂化值的大小，可以判断油脂所含甘油酯的平均相对分子质量。油脂中甘油酯的平均相对分子质量越大，则1g 油脂所含甘油酯物质的量越少，皂化时所需碱的量也越少，即皂化值越小。反之，皂化值越大，表示甘油酯的平均相对分子质量越小，即1g 油脂所含甘油酯的物质的量越多。

人体摄入的油脂主要在小肠内进行催化水解，此过程叫作消化。水解产物透过肠壁被吸收（少量油脂微粒同时被吸收），进一步合成人体自身的脂肪。这种吸收后的脂肪除一部分氧化供给能量（每克脂肪在体内完全氧化放出 38.9kJ 热能）外，大部分贮存于皮下，肠系膜等处脂肪组织中。

（2）加成反应。不饱和高级脂肪酸甘油酯可与氢气发生加成反应，生成饱和酯，液态的油就会变成固态的脂肪。这一反应称为油脂的氢化，也称为油脂的硬化。人造奶油即由此反应制取。通常用碘值（100g 油脂在标准条件下吸收碘的克数）来表示油脂的不饱和程度。

（3）酸败。油脂在空气中放置过久，就会变质产生难闻的气味，这种变化叫作酸败。酸败是由空气中的氧、水分或微生物作用引起的。油脂中不饱和酸的双键部分受到空气中氧的作用，氧化成过氧化物，后继续分解或进一步氧化，产生有臭味的低级醛、酮或羧酸。光、热或湿气都可以加速油脂的酸败。

油脂酸败的产物有毒性和刺激性，因此酸败的油脂不能食用或药用。

五、碳水化合物

碳水化合物也称糖类，是自然界存在最多、分布最广的一类重要的有机化合物，约占自然界生物物质的3/4，主要由碳、氢、氧所组成，普遍存在于谷物、水果、蔬菜及其他人类能食用的植物中。早期认为，这类化合物的分子组成一般可用 $C_n(H_2O)_m$ 通式表示，因此采用碳水化合物这个术语。后来发现有些糖如脱氧核糖（$C_5H_{10}O_4$）和鼠李糖（$C_6H_{12}O_5$）等并不符合上述通式，并且有些糖还含有氮、硫、磷等成分，显然用碳水化合物这个名称来代替糖类名称已经不适当，但由于沿用已久，至今还在使用这个名称。

碳水化合物是多羟基醛或多羟基酮及其衍生物和缩合物，可分为单糖、低聚糖、多糖三类。

（一）单糖

1. 单糖的结构

单糖是糖的最小组成单位，它们不能进一步水解。从分子结构上看，它们是含有一个自由醛基或酮基的多羟基醛或多羟基酮类化合物。根据分子中所含羰基的特点，单糖可分为醛糖和酮糖。单糖的构型一般用 D/L 标记法表示其旋光异构体，自然界中存在的单糖大多是 D 型的。

许多化学反应事实证明，单糖的结构有开链式和氧环式两种，在水溶液中，开链式与氧环式互相转化，达到动态平衡。这是一种互变异构。例如，葡萄糖的互变异构平衡：

α-D-葡萄糖(36.4%)　　　D-葡萄糖(0.1%)　　　β-D-葡萄糖

在氧环式结构中，C_1碳原子叫作苷原子，它所连接的羟基叫苷羟基。分子中的苷羟基与第 5 个碳原子上的羟基处于碳链同侧的是 α-型，处于碳链异侧的就是 β-型。

糖的氧环式结构无法反映出分子中的原子和基团在空间的相互关系。为了更形象地表示糖的氧环式结构，常写成透视式(哈沃斯式)。

α-D-葡萄糖　　　　　β-D-葡萄糖

2. 单糖的性质

单糖在常温下均为无色或白色结晶，具有甜味，易溶于极性溶剂而难溶于非极性溶剂，在水中的溶解度非常大，常可形成过饱和溶液——糖浆。

(1)还原性。单糖是多羟基醛或酮，含有游离的羰基。因此，在不同的氧化条件下，糖类可被氧化成各种不同的氧化产物。醛糖还能够被托伦试剂、斐林试剂这样的弱氧化剂所氧化，分别得到银镜和氧化亚铜砖红色沉淀。酮糖也可以被托伦试剂或斐林试剂所氧化，分别生成银镜或氧化亚铜砖红色沉淀。这是由于酮糖的 α-碳原子上连有羟基，故在托伦试剂或斐林试剂的碱性条件下，可以经酮式-烯醇式的互变异构而转变成醛糖，所以可被这些弱氧化剂氧化。

$$CH_2OH(CHOH)_4CHO+2[Ag(NH_3)_2]OH \longrightarrow CH_2OH(CHOH)_4COONH_4+2Ag\downarrow+3NH_3+H_2O$$
$$CH_2OH(CHOH)_4CHO+2Cu(OH)_2 \longrightarrow CH_2OH(CHOH)_4COOH + Cu_2O\downarrow+H_2O$$

醛糖可以被溴水氧化，产物是糖酸；酮糖不能被溴水所氧化，以此可区别醛糖和酮糖。

(2)成苷反应。对于单糖的氧环式结构，分子中的苷羟基就相当于半缩醛或半缩酮中的羟基，可以和醇、酚等含有羟基的化合物反应，生成缩醛或缩酮。在糖化学反应中，把这种缩醛或缩酮称为糖苷。在 D-葡萄糖的甲醇溶液中通入氯化氢，可生成 α-D-$(+)$-甲基

葡萄糖苷和 β-D-(＋)-甲基葡萄糖苷。

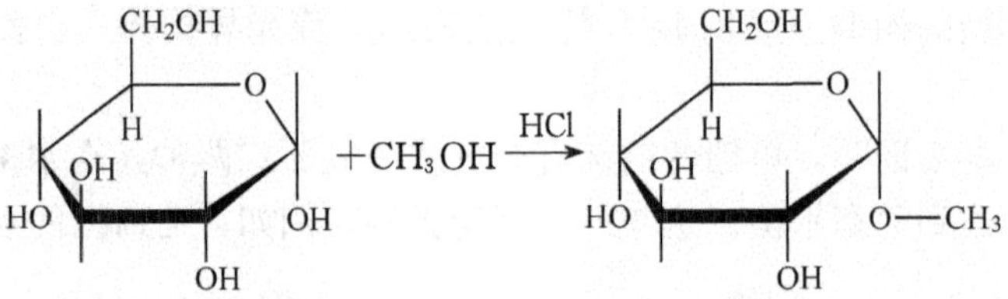

3. 重要的单糖

(1)D-葡萄糖($C_6H_{12}O_6$)。自然界中分布最广的己醛糖就是 D-葡萄糖，它存在于葡萄汁或其他种类的果汁、动物的血液、淋巴液、脊髓液中，并以多糖或糖苷的形式存在于许多植物的种子、根、叶或花中。D-葡萄糖是一种无色或白色结晶，熔点为 146℃，易溶于水，微溶于乙醇，不溶于乙醚，其甜度是蔗糖的 70%。自然界存在的天然葡萄糖都是 D-型的右旋体，故在商品中，常以"右旋糖"代表葡萄糖。

D-葡萄糖不但是合成维生素 C(抗坏血酸)等药物的重要原料，而且还作为营养剂广泛应用在医药上，具有强心、利尿、解毒等功效。在食品工业中也有许多应用，如生产糖浆、糖果等。另外，还可作为还原剂应用于印染工业上。

(2)D-果糖($C_6H_{12}O_6$)。在酮糖中 D-果糖是一个重要的己酮糖，它存在于水果和蜂蜜中，白色晶体，熔点 102～104℃，易溶于水，也可溶于乙醇和乙醚中，是最甜的一个糖。自然界中存在的天然果糖都是 D-型的左旋体。故常被称为"左旋糖"。

果糖能够与间苯二酚的稀盐酸溶液发生颜色反应，呈现鲜红色，这也是酮糖共有的反应。所以，可以利用此颜色反应来区别醛糖和酮糖。

(二)低聚糖

1. 低聚糖的结构

低聚糖又称寡糖，是由 2～10 个单糖分子通过糖苷键连接而成的低度聚合糖类。按水解后所生成单糖分子的数目，低聚糖分为二糖、三糖、四糖、五糖等，其中以二糖最为常见，如蔗糖($C_{12}H_{22}O_{11}$)、麦芽糖($C_{12}H_{22}O_{11}$)、乳糖($C_{12}H_{22}O_{11}$)等。

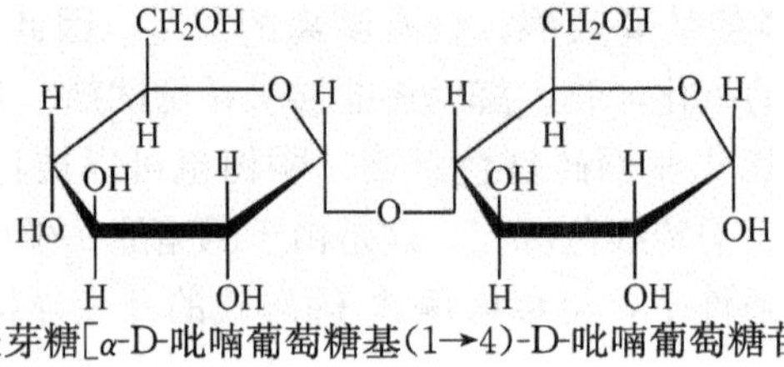

麦芽糖[α-D-吡喃葡萄糖基(1→4)-D-吡喃葡萄糖苷]

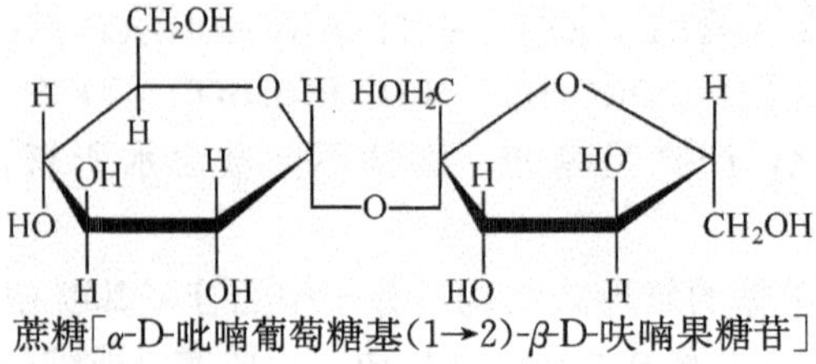

蔗糖[α-D-吡喃葡萄糖基(1→2)-β-D-呋喃果糖苷]

2. 二糖的性质

二糖可以看作是由两分子单糖失水形成的化合物，根据不同失水方式可将二糖化分成还原性二糖和非还原性二糖。

还原性二糖可以看作是由一分子单糖的半缩醛羟基与另一分子单糖的醇羟基(常是 C_4 上的羟基)失水而形成的。在这样的二糖分子中，有一个单糖单位已形成苷，而另一单糖单位却仍留有一个半缩醛羟基，所以存在着氧环式与开链式的互变平衡。这类二糖的开链式结构中，由于有羰基的存在，故有一般单糖的性质，如存在变旋现象，可与托伦试剂、斐林试剂反应而具有还原性，并可与过量苯肼成脎。因此，这类二糖就被称为还原性二糖。最常见的还原性二糖有麦芽糖、纤维二糖、乳糖等。

非还原性二糖由两个单糖的半缩醛羟基失水缩合而成的二糖，且这两个单糖都称为苷，这样形成的二糖不能再转变成开链式，所以就没有变旋现象，不能与托伦试剂、斐林试剂反应，也不与苯肼作用成脎。最常见的非还原性二糖是蔗糖，它是由一分子 α-D-葡萄糖 C_1 上的苷羟基与一分子 β-D-果糖 C_2 上的苷羟基失水缩合而成，此糖苷键称为 β-1,2-苷键，分子中不再含有苷羟基，两个单糖均已形成苷，故蔗糖既是葡萄糖苷也是果糖苷。

在自然界中分布最广的二糖就是蔗糖，所有光合植物中都含有蔗糖，如甜菜和甘蔗中含量最高，故又称其为甜菜糖。它是一种无色晶体，易溶于水，熔点180℃，是右旋糖。蔗糖的甜度超过葡萄糖，但亚于果糖。

3. 重要的二糖

(1)蔗糖。纯净蔗糖为无色透明结晶，易溶于水，难溶于乙醇、氯仿、醚等有机溶剂。蔗糖甜度较高，甜味纯正，相对密度1.588，熔点160℃，加热到熔点，便形成玻璃样晶体，加热至200℃以上形成棕褐色的焦糖。此焦糖常被用作酱油的增色剂。稀酸或转化酶都能水解蔗糖。

$$C_{12}H_{22}O_{11} + H_2O \longrightarrow C_6H_{12}O_6 + C_6H_{12}O_6$$
$$\text{蔗糖} \qquad \text{D-葡萄糖} \quad \text{D-果糖}$$

(2)麦芽糖。麦芽糖又称饴糖，是由2分子的葡萄糖通过 α-1,4 糖苷键结合而成的双糖，是淀粉在 β 淀粉酶作用下的最终水解产物。麦芽糖存在于麦芽、花粉、花蜜、树蜜及大豆植株的叶柄、茎和根部。谷物种子发芽时就有麦芽糖的生成，生产啤酒所用的麦芽汁中所含糖成分主要是麦芽糖。常温下，纯麦芽糖为透明针状晶体，易溶于水，微溶于酒精，不溶于醚。其熔点为102～103℃，甜味柔和，有特殊风味。麦芽糖易被机体消化吸收，在糖类中营养最为丰富。麦芽糖水解生成两分子葡萄糖。

(3)乳糖。乳糖是由 β-半乳糖与葡萄糖以 β-1,4 糖苷键结合而成。它是哺乳动物乳汁中的主要糖成分，牛乳含乳糖4.6%～5.0%，人乳含乳糖5%～7%，乳糖在植物界十分罕见。纯品乳糖为白色固体，溶解度小，甜度较小。乳糖水解生成1分子半乳糖和1分子葡萄糖。

(三)多糖

多糖是由许多个单糖通过糖苷键相互连接而成的、相对分子质量较大的高分子化合物，其水解的最终产物是单糖。多糖广泛存在于自然界中，如构成植物骨架的纤维素，植物贮藏养分的淀粉，动物体内贮藏养分的糖元，以及昆虫的甲壳、植物的黏液和树胶等很多物质，都是由多糖组成的。多糖在性质上与单糖和低聚糖有较大的不同，多糖不具有甜味，多数也不溶于水。有些多糖分子的末端虽存在苷羟基，但因相对分子质量很大，使得苷羟基表现不出还原性，所以多糖没有还原性，不能被氧化剂氧化，不发生成脎反应，也无变旋现象。

1. 淀粉

淀粉是以颗粒形式普遍存在，是大多数植物能量的主要储备物，在植物的种子、根部和块茎中含量丰富。淀粉颗粒的大小与形状随植物的品种而改变，在显微镜下观察时，能根据这些特征识别不同植物品种的淀粉。

淀粉是由直链淀粉和支链淀粉两部分组成，它们相当均匀地混合分布于整个颗粒中。不同来源的淀粉粒中所含的直链和支链淀粉比例不同，即使同一品种因生长条件不同，也会存在一定的差别。一般淀粉中支链淀粉的含量要明显高于直链淀粉的含量。直链淀粉（图 4-6）是 D-吡喃葡萄糖通过 α-1,4 糖苷键连接起来的链状分子，但是从立体构象看，它并非线性，而是由分子内的氢键使链卷曲盘旋成左螺旋状。支链淀粉（图 4-7）是 D-吡喃葡萄糖通过 α-1,4 和 α-1,6 两种糖苷键连接起来的带分支的复杂大分子。直链淀粉相对分子质量约为 $4000 \sim 400\,000$，支链淀粉相对分子质量约为 $5 \times 10^5 \sim 1 \times 10^6$，随不同来源的淀粉而异。

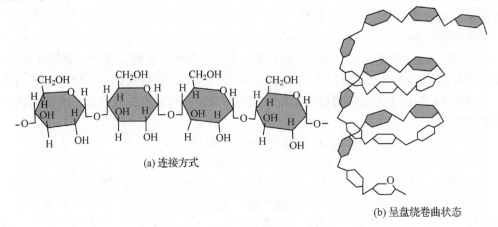

(a) 连接方式

(b) 呈盘绕卷曲状态

图 4-6　直链淀粉结构

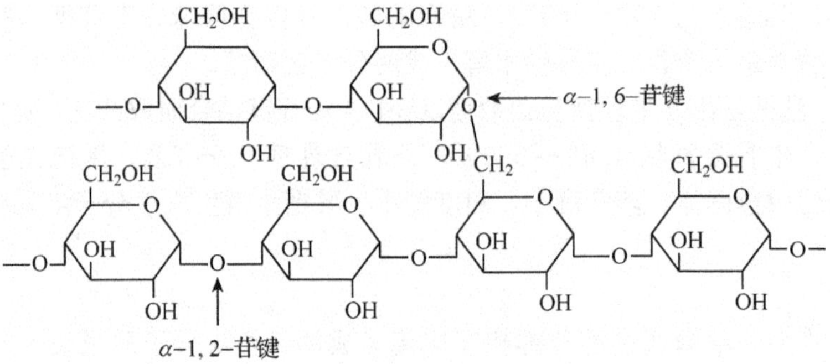

α-1, 6-苷键

α-1, 2-苷键

图 4-7　支链淀粉结构

淀粉与碘能形成深蓝色复合物,以此可鉴别淀粉或碘的存在。

淀粉在酸或酶的作用下水解,水解最终产物是葡萄糖:

$$(C_6H_{10}O_5)_n \longrightarrow (C_6H_{10}O_5)_m \longrightarrow C_{12}H_{22}O_{11} \longrightarrow C_6H_{12}O_6$$

淀粉　　　　　糊精　　　　麦芽糖　　　D-葡萄糖

2. 纤维素

纤维素是自然界中分布非常广泛的一种多糖,是植物细胞壁的主要成分,构成植物的支持组织。棉花中纤维素的含量最高,可达98%,几乎是纯的纤维素,其次亚麻中纤维素的含量是80%,木材中的含量为50%,一般植物的茎和叶中的纤维素含量约为15%。

纤维素是无色、无味具有不同形态的固体纤维状物质,不溶于水及一般的有机溶剂,加热则分解,没有熔化现象。与淀粉一样,纤维素也不具有还原性,其分子组成也是 $(C_6H_{10}O_5)_n$,它是由 D-葡萄糖分子之间通过 β-1,4-苷键连接而成的高分子化合物(图4-8)。

纤维素的相对分子质量要比淀粉大很多,水解也比淀粉困难。一般需要在酸性溶液中,加热、加压条件下,纤维素可水解生成纤维二糖,彻底水解的最终产物是 D-葡萄糖。

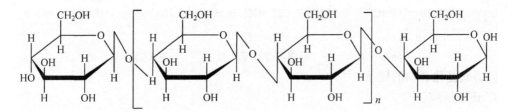

图4-8　纤维素结构(方括号中为纤维二糖单元)

纤维素虽然与直链淀粉一样,是没有分支的链状分子,但是由于连接葡萄糖单位的是 β-1,4-苷键,所以它不卷曲成螺旋状,而是借助分子间氢键。纤维素分子的链与链之间像麻绳一样拧在一起,这样就形成坚硬的、不溶于水的纤维状高分子,构成了理想的植物细胞壁。

人体消化道分泌出的淀粉酶不能水解纤维素,所以人们不能以纤维素作为自己的营养物质。但是可以食用一些如大麦、玉米、水果、蔬菜等含有纤维素的食物,来增加肠胃的蠕动,有助于食物的消化吸收。

纤维素分子中的每一个葡萄糖结构单元上都含有3个羟基,这些羟基与醇相似,可以与碱、无机酸、有机酸等作用,生成相应的盐、无机酸酯、有机酸酯等。

纤维素可在酸性条件下与乙酐作用,生成纤维素乙酸酯,俗称醋酸纤维。将醋酸纤维溶于乙醇和丙酮,不易燃,较安全,可以应用于制造人造丝、塑料和胶片等。

纤维素与硝酸生成的酯叫作硝酸纤维素,也称硝化纤维素或硝化棉。高氮量的是无烟火药的主要成分,用于子弹的发射药;低氮量的叫火棉,其乙醇-乙醚液称为火棉胶,用于封瓶口。

第四节 含氮有机物

分子中含有 C—N 键的有机化合物，都称为含氮化合物。它的种类很多，有硝基化合物、亚硝基化合物、胺、季胺碱、重氮化合物、偶氮化合物、腈等。

一、硝基化合物

烃分子中的一个或几个氢原子被硝基取代而生成的有机化合物。

(一)硝基化合物的分类、命名

硝基化合物按烃基的结构分为脂肪族硝基化合物和芳香族硝基化合物；按硝基的个数分为一元硝基化合物和多元硝基化合物。

硝基化合物的命名是以烃基为母体，硝基为取代基。例如：

$$CH_3—CH—CH_3 \qquad CH_3—CH—CH—CH_3 \qquad H_3C—\text{〈苯环〉}—NO_2$$
$$\quad\;\; |\qquad\qquad\qquad\quad |\quad\; |$$
$$\quad NO_2 \qquad\qquad\qquad NO_2\; CH_3$$

2-硝基丙烷 　　　　　2-硝基-3-甲基丁烷　　　　　对硝基甲苯

(二)硝基化合物的性质

1. 还原反应

硝基可以被还原，特别是芳香硝基化合物的还原有很大的实用意义。芳香硝基化合物在不同的介质中使用不同的还原剂可以得到一系列不同的还原产物。在强烈的反应条件下，用催化剂加氢法和化学还原剂，如铁或锌和稀盐酸、氯化亚锡和盐酸、硫化物等，芳香族硝基化合物被还原成相应的胺。

$$CH_3CH_2NO_2 \xrightarrow[\text{加压，}\triangle]{H_2+Ni} CH_3CH_2NH_2$$

$$\text{〈苯环〉}—NO_2 \xrightarrow[\triangle]{Fe+H_2SO_4} \text{〈苯环〉}—NH_2$$

近年来，毒品犯罪分子通过还原硝基化合物来制造安非他明(冰毒)。

$$O_2N—\text{〈苯环〉}—NO_2 \xrightarrow{Fe+H_2SO_4} NH_2—\text{〈苯环〉}—NH_2$$

$$\text{〈苯环〉}—CH_2—CH—CH_3 \xrightarrow{Fe+H_2SO_4} \text{〈苯环〉}—CH_2—CH—CH_3$$
$$\qquad\qquad\qquad\quad |\qquad\qquad\qquad\qquad\qquad\qquad |$$
$$\qquad\qquad\qquad NO_2 \qquad\qquad\qquad\qquad\qquad\qquad NH_2$$

2. 苯环上的取代反应

硝基是间位定位基，苯环上的取代比苯困难。

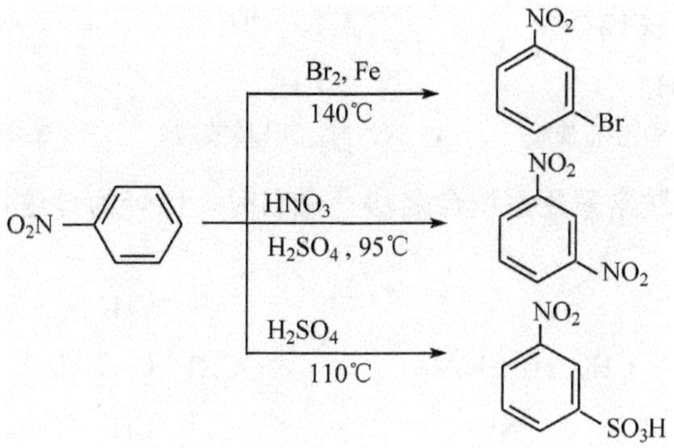

二、胺类

(一)胺的分类、命名

1. 分类

胺可以看作是氨的烃基衍生物，氨分子中的氢原子被一个、两个或三个烃基取代，分别生成伯胺、仲胺和叔胺。

$$NH_3 \qquad RNH_2 \qquad R_2NH \qquad R_3N$$

氨　　　伯胺　　　仲胺　　　叔胺

胺也可按烃基结构分为脂肪胺和芳香胺，按氨基数目分为一元胺和多元胺。

2. 命名

简单的胺一般用衍生命名法命名。此时，把氨看作母体，烃基看作取代基。在命名时通常省去"基"字。例如：

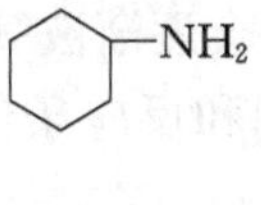

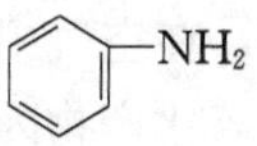

甲胺　　　　　甲乙胺　　　　　环己胺　　　　　苯胺

当取代基相同时，可在取代基前面用数字表示取代基的数目。例如：

二甲胺　　　　　三乙胺

对于芳胺，如果苯环上有别的取代基，则应表示出取代基的相对位置，按照多官能团化合物的命名原则，若氨基的优先次序低于其他基团时，氨基则作为取代基命名。例如：

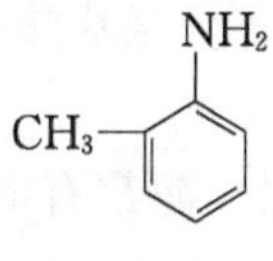

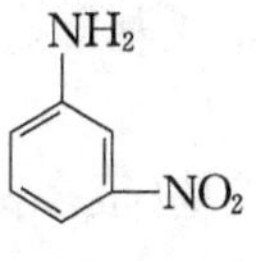

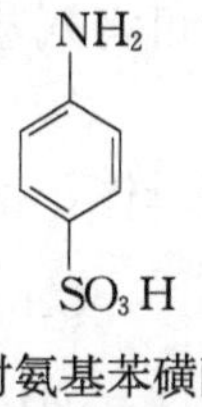

邻甲苯胺　　　　间硝基苯胺　　　　对氨基苯磺酸

在命名芳胺时，当胺上同时连有芳基和烃基时，应在烃基名称前冠以"N"，以表示脂肪烃基是连在氨基氮原子上；氨基连在侧链上的芳胺，一般以脂肪胺为母体来命名。例如：

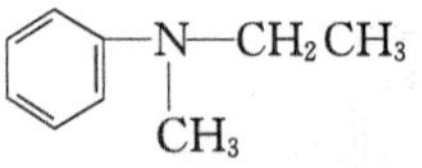

N-甲基-N-乙基苯胺

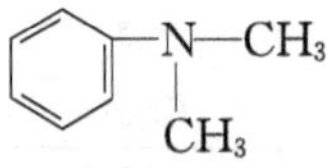

N，N-二甲基苯胺

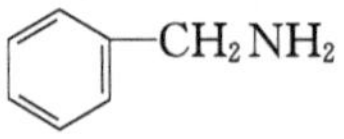

苯甲胺

对于构造较复杂的胺常采用系统命名法。命名时，以烃为母体，以氨基或烷基作为取代基。例如：

$$CH_3CH_2\underset{\displaystyle NH_2}{\underset{|}{C}}HCH_3$$

2-氨基丁烷

$$CH_3-\overset{\displaystyle CH_3}{\overset{|}{\underset{\displaystyle CH_3}{\underset{|}{C}}}}-NH_2$$

2，2-二甲基乙胺

$$H_2NCH_2(CH_2)_2CH_2NH_2$$

1，4-丁二胺(腐肉胺)

$$H_2NCH_2(CH_2)_3CH_2NH_2$$

1，5-戊二胺(尸胺)

(二)胺的性质

1. 碱性

胺分子中氮原子上的未共用电子对能接受质子形成铵离子，因而胺的水溶液显碱性，可与酸作用形成盐。

$$CH_3CH_2NH_2+H_2O\longrightarrow[CH_3CH_2NH_3]^++OH^-$$

$$CH_3CH_2NH_2+HCl\longrightarrow[CH_3CH_2NH_3]^++Cl^-$$

胺的碱性强弱比较：脂肪胺＞ NH_3＞芳香胺；仲胺＞伯胺＞叔胺。

2. 氧化反应

脂肪族胺和芳香族胺都易被氧化，尤其是芳香伯胺更易被氧化。例如，纯的苯胺是无色油状液体，在空气中放置，会逐渐被氧化，颜色逐渐变成黄色、红棕色。苯胺的氧化反应很复杂，氧化产物因氧化剂和反应条件不同而异。苯胺用二氧化锰和硫酸氧化时生成苯醌。

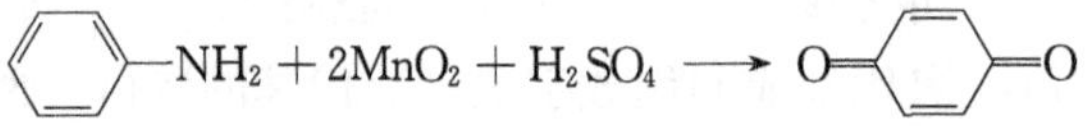

三、氨基酸和蛋白质

(一)氨基酸

1. 氨基酸的结构、分类和命名

羧酸分子中烃基上的一个或几个氢原子被氨基取代的化合物称为氨基酸。

根据氨基的位置可将氨基酸分为α-氨基酸、β-氨基酸、γ-氨基酸等，天然氨基酸多为α-氨基酸。

命名时以羧酸为母体，氨基为取代基(很多氨基酸根据来源都有俗名)。例如：

$$\underset{\displaystyle NH_2}{\underset{|}{C}}H_2COOH$$

α-氨基乙酸(甘氨酸)

$$CH_3\underset{\displaystyle NH_2}{\underset{|}{C}}HCOOH$$

α-氨基丙酸(丙氨酸)

$$\underset{\underset{NH_2}{\textstyle |}}{HOOCCH_2CH_2CHCOOH} \qquad \underset{\underset{NH_2}{\textstyle |}}{CH_2CH_2CH_2CH_2CHCOOH}$$

　　2-氨基戊二酸(谷氨酸)　　　　2，6-二氨基己酸(赖氨酸)

$$\underset{\underset{NH_2}{\textstyle |}}{\bigcirc\!\!\!-CH_2CHCOOH} \qquad \underset{\underset{NH_2\ CH_3}{\textstyle |\ \ |}}{CH_3-CH-CH-COOH}$$

α-氨基-β-苯基丙酸(苯丙氨酸)　　　2-甲基-3-氨基丁酸

2. 氨基酸的性质

α-氨基酸为挥发性低的白色结晶，一般熔点在 503～573K 之间，大多数在熔化时分解并释放出二氧化碳。氨基酸一般能溶于水而不溶于乙醚、石油醚、氯仿等有机溶剂。

(1)内盐的形成。氨基酸分子中的氨基和羧基可以相互作用生成盐，这种由分子内的酸性基团和碱性基团相互作用所形成的盐称为内盐。内盐分子中既有正离子部分，又有负离子部分，所以又称为两性离子或偶极离子。

$$\underset{\overset{\oplus}{NH_3}}{\overset{\textstyle |}{R-CH-COO^{\ominus}}}$$

氨基酸既能与酸反应，又能与碱反应。

$$\underset{NH_2}{R-CH-COO^-} \underset{\overrightarrow{H^+}}{\overset{OH^-}{\rightleftharpoons}} \underset{NH_3^+}{R-CH-COO^-} \underset{\overrightarrow{OH^-}}{\overset{H^+}{\rightleftharpoons}} \underset{NH_3^+}{R-CH-COOH}$$

　　　　阴离子　　　　　　　两性离子　　　　　　阳离子

(2)等电点。由于氨基酸分子的电荷状态能够随着溶液的 pH 值不同而发生改变，因此可以通过调节氨基酸水溶液的酸碱度，使氨基酸带有的正负电荷数目恰好相等，此时溶液的 pH 值称为氨基酸的等电点。在等电点时，氨基酸的溶解度最小，容易从溶液中析出，可据此来分离提纯氨基酸。

(3)脱水反应。α-氨基酸受热后，能在两分子之间发生脱水反应，生成二肽，二肽分子中仍含有自由的氨基和羧基，可继续发生脱水反应，依次生成三肽、四肽等。

$$\underset{CH_2-C-OH}{\overset{NH_2\quad O}{|\qquad \|}} + \underset{H-N-CH-COOH}{\overset{H\ \ CH_3}{|\ \ \ |}} \xrightarrow{-H_2O} \underset{CH_2-C-N-CH-COOH}{\overset{NH_2\ \boxed{O\ \ H}\ CH_3}{|\quad \ \ \ \ \ |}}$$

甘氨酰-丙氨酸(甘·丙肽)

式中 $\overset{O\ \ H}{-C-N-}$ 称为酰氨键，也称肽键，是氨基酸组成多肽，进而组成蛋白质的基本结构。

(4)与水合茚三酮的反应。α-氨基酸的水溶液与水合茚三酮反应，生成蓝紫色的物质。

指纹的茚三酮显现即是利用此化学反应原理。

(二)蛋白质

蛋白质是 α-氨基酸按一定顺序结合形成一条多肽链，再由一条或一条以上的多肽链按照其特定方式结合而成的高分子化合物。

1. 蛋白质的结构

蛋白质分子是由氨基酸首尾相连而成的共价多肽链，但是天然蛋白质分子并不是走向随机的松散多肽链。每一种天然蛋白质都有自己特有的空间结构或称三维结构，这种三维结构通常被称为蛋白质的构象，即蛋白质的结构。

一级结构：构成蛋白质的单元氨基酸通过肽键连接形成的线性序列，为多肽链。一级结构稍有变化，就会影响蛋白质的功能。

二级结构：一级结构中部分肽链的弯曲或折叠产生二级结构。多肽链的某些部分氨基酸残基周期性的空间排列。卷曲所形成的二级结构称为 α-螺旋，折叠所形成的二级结构称为折叠片。这两种二级结构的形成都是由于距离一定的 —N—H 基团和 —C=O 基团之间形成氢键的。

三级结构：在二级结构基础上进一步折叠成紧密的三维形式。三维形状一般都可以大致说是球状的或是纤维状的。

四级结构：由蛋白质亚基结构形成的多于一条多肽链的蛋白质分子的空间排列。

2. 蛋白质的性质

(1)两性。蛋白质是由 α-氨基酸通过肽键构成的高分子化合物，在蛋白质分子中存在着氨基和羧基，因此跟氨基酸相似，蛋白质也是两性物质。

(2)水解。蛋白质在酸、碱或酶的作用下发生水解反应，经过多肽，最后得到多种 α-氨基酸。

(3)胶体性质。有些蛋白质能够溶解在水里(如鸡蛋白能溶解在水里)形成胶体，具有胶体性质。

(4)盐析。少量的盐(如硫酸铵、硫酸钠等)能促进蛋白质的溶解，如向蛋白质水溶液中加入浓的无机盐溶液，可使蛋白质的溶解度降低，而从溶液中析出，这种作用叫作盐析。

这样盐析出的蛋白质仍旧可以溶解在水中，而不影响原来蛋白质的性质，因此盐析是个可逆过程。利用这个性质，采用盐析方法可以分离提纯蛋白质。

(5)变性。在热、酸、碱、重金属盐、紫外线等作用下，蛋白质会发生性质上的改变而凝结起来。这种凝结是不可逆的，不能再使它们恢复成原来的蛋白质。蛋白质的这种变化叫作变性。

使蛋白质变性的方法有物理方法和化学方法。物理方法包括：加热、加压、搅拌、振荡、紫外线照射、X 射线、超声波等。化学方法包括：强酸、强碱、重金属盐、三氯乙酸、乙醇、丙酮等。

(6)颜色反应。蛋白质可以跟许多试剂发生颜色反应。例如，在鸡蛋白溶液中滴入浓硝酸，则鸡蛋白溶液呈黄色。这是由于蛋白质(含苯环结构)与浓硝酸发生了颜色反应的缘故。还可以用双缩脲试剂对其进行检验，该试剂遇蛋白质变紫。

(7)灼烧分解。蛋白质在灼烧时可以产生一种烧焦羽毛的特殊气味，利用这一性质可以鉴别蛋白质。

四、生物碱

生物碱是存在于自然界（主要为植物，但有的也存在于动物）中的一类含氮的有机化合物。大多数有复杂的环状结构，氮素多包含在环内，有显著的生物活性，多分布在双子叶植物（如茄科、罂粟科、夹竹桃科等）中，是中草药中重要的有效成分之一。受环境影响，同种植物生物碱含量也不完全相同，且一种植物可能含有多种生物碱，如罂粟中含有25种生物碱，奎宁皮中有26种生物碱等。

生物碱多具有显著而特殊的生物活性。例如，吗啡、延胡索乙素具有镇痛作用；阿托品具有解痉作用；小檗碱、苦参生物碱、蝙蝠葛碱有抗菌消炎作用；利血平有降血压作用；麻黄碱有止咳平喘作用；奎宁有抗疟作用；苦参碱、氧化苦参碱等有抗心律失常作用；喜树碱、秋水仙碱、长春新碱、三尖杉碱、紫杉醇等有不同程度的抗癌作用等。

(一)生物碱的物理性质

生物碱多数为结晶形固体，少数为非晶形粉末，个别为液体，如烟碱、槟榔碱等；生物碱多具苦味；生物碱一般无色或白色，少数有颜色，如小檗碱、蛇根碱呈黄色等；少数液体状态及个别小分子固体生物碱如麻黄碱、烟碱等具挥发性，可用水蒸汽蒸馏提取；咖啡因等个别生物碱具有升华性；生物碱很难溶于水，但可溶于醇、醚、氯仿、丙酮等有机溶剂。

(二)生物碱的化学性质

生物碱多以胺类的形式存在，呈碱性；部分生物碱（如咖啡碱、秋水仙碱等）中的氮原子以酰胺形式存在，呈中性；还有些生物碱（如吗啡）分子中除含氨基外，还有酚羟基或羧基，则显两性。

生物碱可与很多试剂产生颜色反应。例如，钒酸铵与奎宁、吗啡、士的宁作用分别生成橙色、棕色、蓝紫色；甲醛的硫酸试剂与吗啡作用生成紫红色，这些反应可用作毒物、毒品的快速检验。

(三)重要的生物碱

1. 鸦片（阿片）

鸦片是由罂粟未成熟之果割开后渗出之乳汁干燥制得，呈褐色，有辛苦味。鸦片及其浸膏含有多种生物碱，目前已提炼出的有25种左右，其中重要的有吗啡、可待因、那可汀、罂粟碱等，以吗啡含量最多。

罂粟碱 $C_{20}H_{21}NO_4$ 可待因 $C_{18}H_{21}NO_3$

2. 吗啡

分子式为 $C_{17}H_{19}NO_3$，纯品为无色结晶或白色结晶状粉末，含一个结晶水，热至 $383\sim393K$ 失水变成无水吗啡，熔点为 $503K$ 并分解，有苦味，微溶于水、醇和醚，易溶于热的异丁醇、戊醇和氯仿，溶于酸和过量的碱。

吗啡在医疗上主要用作止痛药，但超过剂量会中毒，常用吗啡易成瘾，所以将它归为毒品之列，吗啡的衍生物甲基吗啡（可待因）和二乙酰吗啡（海洛因）均为毒品。

3. 可卡因

可卡因又称古柯碱，是由古柯植物的叶中提取的生物碱。无色或白色晶体，难溶于水，易溶于乙醚、乙醇、氯仿等。在医疗中作局部麻醉剂，量过大成瘾和慢性中毒。可卡因能打乱人体机能和肾上腺素分泌对人体的调节作用，使中枢神经和交感神经系统产生强烈的兴奋作用。

4. 麻黄碱和伪麻黄碱

麻黄碱和伪麻黄碱是我国特产麻黄中含有的 2 种重要的生物碱，两者均属仲胺类生物碱。麻黄碱有增高血压和扩张支气管的作用，是制造冰毒的重要原料。

第五节　高分子化合物

一、高分子化合物的概念

高分子化合物是由千百个原子彼此以共价键结合形成相对分子质量特别大、具有重复结构单元的有机化合物。

一般把相对分子质量高于 10 000 的分子称为高分子。由于高分子多是由小分子通过聚合反应而制得的，因此也常被称为聚合物或高聚物，用于聚合的小分子则被称为"单体"。

有机高分子化合物可以分为天然有机高分子化合物（如淀粉、纤维素、蛋白质、天然橡胶等）和合成有机高分子化合物（如聚乙烯、聚氯乙烯等），它们的相对分子质量可以从几万直到几百万或更大，但他们的化学组成和结构比较简单，往往是由 n 个结构小单元以重复的方式排列而成的。n 称为聚合度。

同一种高分子化合物的分子链所含的链节数并不相同，所以高分子化合物实质上是由许多链节结构相同而聚合度不同的化合物所组成的混合物，其相对分子质量与聚合度都是平均值。

二、高分子化合物的特点

1. 从相对分子质量和组成上看

高分子的相对分子质量很大，具有"多分散性"。大多数高分子都是由一种或几种单体聚合而成。

2. 从分子结构上看

高分子的分子结构基本上只有两种，一种是线型结构，另一种是体型结构。线型结构的特征是分子中的原子以共价键互相连结成一条很长的卷曲状态的"链"（叫分子链）。体型结构的特征是分子链与分子链之间还有许多共价键交联起来，形成三度空间的网络结构。这两种不同的结构，性能上有很大的差异。

3. 从性能上看

高分子由于其相对分子质量很大，通常都处于固体或凝胶状态，有较好的机械强度；又由于其分子是由共价键结合而成的，故有较好的绝缘性和耐腐蚀性能；由于其分子链很长，分子的长度与直径之比大于 1000，故有较好的可塑性和高弹性。高弹性是高聚物独有的性能。此外，溶解性、熔融性、溶液的行为和结晶性等方面和低分子也有很大的差别。

三、高分子化合物的分类

1. 按来源分类

可把高分子分成天然高分子和合成高分子两大类。

2. 按材料的性能分类

可把高分子分成塑料、橡胶和纤维三大类。

塑料按其热熔性能又可分为热塑料（如聚乙烯、聚氯乙烯等）和热固性塑料（如酚醛树脂、环氧权脂等）两大类。热塑料为线型结构的高分子，受热时可以软化和流动，可以反复多次塑化成型，次品和废品可以回收利用，再加工成产品。热固性塑料为体型结构的高分子，一经成型便发生固化，不能再加热软化，不能反复加工成型，因此，次品和废品没有回收利用的价值。塑料的共同特点是有较好的机械强度（尤其是体形结构的高分子），作结构材料使用。

纤维又可分为天然纤维和化学纤维。化学纤维又可分为人造纤维（如粘胶纤维、醋酸纤维等）和合成纤维（如尼龙、涤纶等）。人造纤维是用天然高分子（如短棉绒、竹、木、毛发等）经化学加工处理、抽丝而成的。合成纤维是用低分子原料合成的。纤维的特点是能抽丝成型，有较好的强度和挠曲性能，作纺织材料使用。

橡胶包括天然胶和合成橡胶。橡胶的特点是具有良好的高弹性能，作弹性材料使用。

3. 按用途分类

可分为通用高分子、工程材料高分子、功能高分子、仿生高分子、医用高分子、高分子药物、高分子试剂、高分子催化剂和生物高分子等。

塑料中的"四烯"（聚乙烯、聚丙烯、聚氯乙烯和聚苯乙烯），纤维中的"四纶"（锦纶、涤纶、腈纶和维纶），橡胶中的"四胶"（丁苯橡胶、顺丁橡胶、异戊橡胶和乙丙橡胶）都是用途很广的高分子材料，为通用高分子。

工程塑料是指具有特种性能（如耐高温、耐辐射等）的高分子材料。聚甲醛、聚碳酸酯、聚砜、聚酰亚胺、聚芳醚、聚芳酰胺和含氟高分子、含硼高分子等都是较成熟的品种，已广泛用作工程材料。

离子交换树脂、感光性高分子、高分子试剂和高分子催化剂等都属功能高分子。

医用高分子、药用高分子在医药上和生理卫生上都有特殊要求，也可以看作是功能高分子。

4. 按高分子主链结构分类

可分为碳链高分子、杂链高分子、元素有机高分子和无机高分子4类。

碳链高分子的主链是由碳原子联结而成的。

杂链高分子的主链除碳原子外，还含有氧、氮、硫等其他元素。

元素有机高分子主链上不一定含有碳原子，而是由硅、氧、铝、钛、硼等元素构成，但侧基是有机基团。

无机高分子是主链和侧链基团均由无机元素或基团构成的。

四、高分子化合物的命名

高分子化合物的系统命名比较复杂，实际上很少使用，习惯上天然高分子常用俗名。合成高分子则通常按制备方法及原料名称来命名，如用加聚反应制得的高聚物，往往是在原料名称前面加个"聚"字来命名。例如，氯乙烯的聚合物称为聚氯乙烯，苯乙烯的聚合物称为聚苯乙烯等。如用缩聚反应制得的高聚物，则大多数是在简化后的原料名称后面加上"树脂"二字来命名。例如，酚醛树脂、环氧树脂等。加聚物在未制成制品前也常用"树脂"来称呼。例如，聚氯乙烯树脂，聚乙烯树脂等。此外，在商业上常给高分子物质以商品名称。例如，聚己内酰胺纤维称为尼龙－6，聚对苯二甲酸乙二酯纤维称为涤纶，聚丙烯腈纤维称为腈纶等。

五、高分子的结构和性能的关系

高分子化合物分子的大小对化学性质影响很小，一个官能团，不管它在小分子中或大分子中，都会起反应。大分子与小分子的不同，主要在于它的物理性质，而高分子之所以能用作材料，也正是由于这些物理性质。下面简要讨论高分子的结构与物理性能的关系。

(一)高分子的两种基本结构及其性能特点

高分子的分子结构可以分为2种基本类型：第一种是线型结构，具有这种结构的高分子化合物称为线型高分子化合物；第二种是体型结构，具有这种结构的高分子化合物称为体型高分子化合物。此外，有些高分子是带有支链的，称为支链高分子，也属于线型结构范畴。有些高分子虽然分子链间有交联，但交联较少，这种结构称为网状结构，属体型结构范畴(图4-9)。

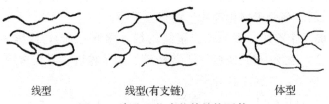

| 线型 | 线型(有支链) | 体型 |

图4-9　高分子化合物的结构形状

在线型结构(包括带有支链的)高分子物质中有独立的大分子存在，这类高聚物的溶剂中或在加热熔融状态下，大分子可以彼此分离开来。而在体形结构(分子链间大量交联的)的高分子物质中则没有独立的大分子存在，因而也没有相对分子质量的意义，只有交联度的意义。交联很少的网状结构高分子物质也可能被分离的大分子存在(犹如一张张"渔网"仍可以分开一样)。

应该指出,上述两种基本结构实际上是对高分子的分子模型的直观模拟,而分子的真实精细结构除了少数(如定向聚合物)外,一般并不清楚。

两种不同的结构,表现出相反的性能。线型结构(包括支链结构)高聚物由于有独立的分子存在,故具有弹性、可塑性,在溶剂中能溶解,加热能熔融,硬度和脆性较小的特点。体型结构高聚物由于没有独立大分子存在,故没有弹性和可塑性,不能溶解和熔融,只能溶胀,硬度和脆性较大。因此从结构上看,橡胶只能是线型结构或交联很少的网状结构的高分子,纤维也只能是线型的高分子,而塑料则两种结构的高分子都有。

(二)高分子化合物的聚集状态

高聚物的性能不仅与高分子的相对分子质量和分子结构有关,也和分子间的互相关系,即聚集状态有关。同属线型结构的高聚物,有的具有高弹性(如天然橡胶),有的则表现出很坚硬(如聚苯乙烯),就是由于它们的聚集状态不同的缘故。即使是同一种高聚物由于聚集状态不同,性能也会有很大的差别,例如,化学纤维在制造过程中必须经过拉伸,就是为了改变聚物内部分子的聚集状态,使其分子链排列得整齐一些,从而提高分子间的吸引力,使制品强度更好。所以,研究高聚物的聚集状态是了解高聚物结构与性能关系的又一个重要方面。

1. 晶相高聚物和非晶相高聚物

从结晶状态来看,线型结构的高聚物有晶相的和非晶相的。晶相高聚合的由于其内部分子排列很有规律,分子间的作用力较大,故其耐热性和机械强度都比非晶相的高,熔限较窄。非晶相高聚物没有一定的熔点,耐热性能和机械强度都比晶相的低,由于高分子的分子链很长,要使分子链间的每一部分都作有序排列是很困难的,因此,高聚物都属于非晶相或部分结晶的。部分结晶高聚物的结晶性区域称为微晶;微晶的多少称为结晶度。例如,常见的聚氯乙烯、天然橡胶、聚酯纤维等高聚物都是属于线型非晶相的高聚物。只有少数是定向聚合得到的,如聚乙烯、聚苯乙烯等是部分晶相的。部分晶相的高聚物是由晶相的微晶部分镶嵌于无定形部分中而成的。纤维的拉伸目的就是使高聚物的无定形部分排列得更规整一些,或使原来方向不一的微晶顺着纤维方向伸直排列。分子一旦较规整地排列后,就增强了分子间的吸引力,使其不能恢复到原来的无序状态。如果分子间的吸引力不够大,拉伸后仍能恢复到无定形状态,那就是弹性体(如橡胶)。主要的合成纤维如聚酰胺(尼龙)其分子链是由氢键拉在一起的;聚丙烯腈(腈纶)和聚酯的分子间有强烈的偶极—偶极吸引。这就是说,作为纤维,其分子间必须有较强的吸引力。由于晶相高聚物,具有熔点高、强度大的性能,给我们指出了提高合成材料机械强度的一个重要方向。

体型结构的高聚物,如酚醛塑料、环氧树脂等,由于分子链间有大量的交联,分子链不可能产生有序排列,因而都是非晶相的,对于少量交联的网状高聚物,因其交联少,链段间也可能产生局部的有序排列,但这种局部的有序排列,其分子间的吸引力不足以保持在这种状态,而容易恢复到原来的无序状态。所以,橡胶硫化(少量交联)后,仍能保持良好弹性。

2. 线型非晶相高聚物的聚集状态

线型非晶相高聚物具有3种不同的物理状态:玻璃态、高弹态和黏流态。犹如低分子物质具有三态(固态、液态和气态)一样，但是高聚物的三态和低分子的三态本质是不同的。橡胶和聚氯乙烯等塑料都是线型非晶相高聚物，但橡胶具有很好的弹性，而塑料则表现良好的硬度，其原因就是由于它们在室温下所处的状态不同的缘故。塑料所处的状态是玻璃态，橡胶所处的状态是高弹态，把高聚物加热到熔融时所处的状态就是黏流态。玻璃态的特征是形变很困难，硬度大；高弹态的特征是形变很容易，具有高弹性；黏流态的特征是形变能任意发生，具有流动性。这 3 种物理状态，随着温度的变化可互相转化。

　　这就是说，随着温度的变化，材料所处的状态和性能也会发生改变。塑料加热到一定温度时，就会从玻璃态过渡到高弹态，失去塑料原有的性能，而出现橡胶高弹性能。温度继续升高到一定程度时，又会从高弹态进一步过渡到黏流态，对橡胶来说，如果把温度降低到足够低时，它就会从高弹态过渡到玻璃态，失去橡胶的弹性，而变得像塑料一样坚硬。这就告诉我们，应用三大合成材料时，必须注意其使用温度范围，否则，便不能发挥材料本身应有的性能。例如，聚氯乙烯塑料只能在温度 75℃ 以下使用。因为高于此温度时便会失去其应有的强度，而表现出柔软而富有弹性，温度再高时(175℃)便熔融了。又如天然橡胶要在 −73～122℃ 的温度范围内才有高弹性也是这个道理，因为低于 −73℃ 时，失去弹性变得像塑料一样坚硬，高于 122℃ 时便熔融了。

　　从聚集状态的研究可知线型结构的塑料、纤维、橡胶之间并没有绝对的界限，温度改变，三态可以相互转化。线型结构的塑料与纤维之间更没有本质上的区别。例如，尼龙-6加工成板材或管材等结构材料就是塑料，拉成丝就是纤维。注意，这里所说的三态的相互转变并不是"相变"。

　　体型结构的高聚物，因分子链间有大量交联，因此，只有一种聚集状态——玻璃态，加热到足够高温时，便发生分解。

习　题

1. 用系统命名法命名下列化合物。

(1) CH_3CH—$CHCH_2CHCH_2CH$（带支链：CH_3, CH_3, CH_3, CH_2CH_3）

(2) $CH_3CH_2CHCH_2CCH_2CHCH_2CH_3$（带支链：$CH_3$, CH_3, CH_2CH_3, CH_3）

(3)

(4) $CH_3CH(CH_3)CH_2C{\equiv}CCH_3$

(5) $CH_3CH{=}CH{-}C{\equiv}CH$

(6)

(7)

(8)

(9) 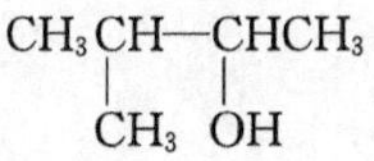 CH$_3$CH—CHCH$_3$
　　　　|　　|
　　　CH$_3$ OH

(10) 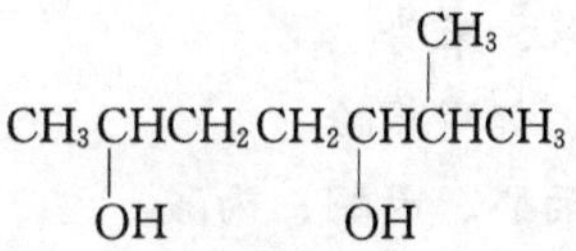 CH$_3$CHCH$_2$CH$_2$CHCHCH$_3$
　　　　　　　　　　　|
　　　　|　　　　　　CH$_3$
　　　OH　　　　OH

(11)

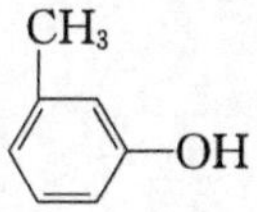

(12)  HO—⟨ ⟩—OH

(13) CH$_3$OCH(CH$_3$)$_2$

(14) (CH$_3$)$_2$CHCHO

(15) 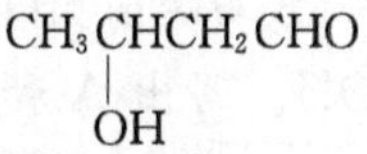 CH$_3$CHCH$_2$CHO
　　　　|
　　　OH

(16)

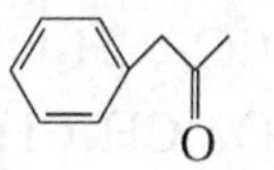

(17) 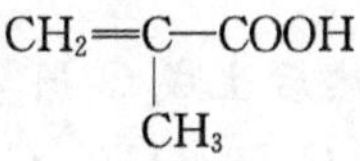 CH$_2$=C—COOH
　　　　　　|
　　　　　CH$_3$

(18) CH$_3$COOCH$_3$

(19) HCOOCH$_2$CH$_3$

(20) CH$_3$NHCH$_2$CH$_3$

(21) 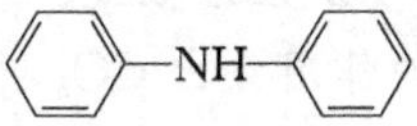 ⟨ ⟩—NH—⟨ ⟩

(22)  H$_2$N—⟨ ⟩—NH$_2$

(23) 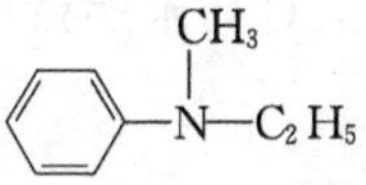 ⟨ ⟩—N—C$_2$H$_5$
　　　　　|
　　　　CH$_3$

2. 写出下列各化合物的结构简式，假如某个名称违反系统命名原则，予以更正。

(1) 2，4-二甲基-5-异丙基壬烷

(2) 4-乙基-5,5-二甲基辛烷

(3) 2-叔丁基-4,5-二甲基己烷

(4) α-D-葡萄糖

(5) 丙氨酰-谷氨酸

3. 写出下列化学反应的主要产物。

(1) 丙烷的二氯取代反应（可能产生的所有产物）

(2) (CH$_3$)$_2$C=CHCH$_3$ + HBr ⟶

(3) CH$_2$=CHCH$_3$ $\xrightarrow{\text{冷高锰酸钾}}$

(4) CH$_3$CH$_2$C≡CH + Ag(NH$_3$)$_2^+$ ⟶

(5) 甲苯的硝化反应

(6) 丙醇的分子内脱水和分子间脱水

(7) 苯酚与溴水反应

(8) 葡萄糖的斐林反应

(9) 丙醛的银镜反应

(10) 乙酸异丙酯的生成反应

(11) 由葡萄糖生成麦芽糖的反应（透视结构式表示）

4. 用简单的化学方法鉴别下列各组化合物。

(1) 乙烷、乙烯、乙炔

(2) 1-戊炔、2-戊炔、己烷

(3)苯、甲苯、苯酚

(4)苯甲醇、邻甲苯酚

(5)丙醇、丙醛、丙酮、丙酸

(6)葡萄糖和蔗糖

(7)淀粉和纤维素

5. 推理。

(1)分子式相同的烃类化合物 A 和 B，它们都能使 Br_2/CCl_4 溶液褪色。A 与 $Ag(NH_3)_2NO_3$ 作用生成沉淀，氧化 A 得到 CO_2、H_2O 和 $(CH_3)_2CHCH_2COOH$。B 与 $Ag(NH_3)_2NO_3$ 不反应，氧化 B 得到 CO_2、H_2O、CH_3CH_2COOH 和 $HOOC—COOH$。写出 A 和 B 的构造式和各步反应方程式。

(2)有一化合物 A，分子式为 $C_5H_{11}Br$，和 NaOH 水溶液共热后生成 $C_5H_{12}O(B)$，B 能和钠作用放出氢气，能被重铬酸钾氧化，能和浓硫酸共热生成 $C_5H_{10}(C)$，C 经臭氧化和水解则生成丙酮和乙醛。试推测 A、B、C 的结构，并写出各步反应方程式。

(3)分子式为 $C_3H_6O_2$ 的 A、B、C 三个化合物，A 与碳酸钠作用放出 CO_2，B 和 C 不能。用氢氧化钠溶液加热水解，B 的水解馏出液可发生碘仿反应，C 的水解馏出液不能。推测 A、B、C 的结构。

第**5**章

化学与环境保护

随着全球经济的飞速发展，目前在全球范围内都不同程度地出现了环境污染问题，具有全球影响的方面有大气环境污染、海洋污染、城市环境污染等问题。随着经济和贸易的全球化，环境污染也日益呈现国际化趋势，近年来出现的危险废物越境转移问题就是这方面的突出表现。因此，保护环境已经成为世界性的重大问题。

第一节 环境污染的分类

一、环境与环境污染

(一)环境的概念

环境既包括以空气、水、土地、植物、动物等为内容的物质因素，也包括以观念、制度、行为准则等为内容的非物质因素；既包括自然因素，也包括社会因素；既包括非生命体形式，也包括生命体形式。

通常按环境的属性，将环境分为自然环境、人工环境和社会环境。

自然环境，通俗地说，是指未经过人的加工改造而天然存在的环境；自然环境按环境要素，又可分为大气环境、水环境、土壤环境、地质环境和生物环境等，主要就是指地球的五大圈——大气圈、水圈、土圈、岩石圈和生物圈。

人工环境，通俗地说，是指在自然环境的基础上经过人的加工改造所形成的环境，或人为创造的环境。人工环境与自然环境的区别，主要在于人工环境对自然物质的形态做了较大的改变，使其失去了原有的面貌。

社会环境是指由人与人之间的各种社会关系所形成的环境，包括政治制度、经济体制、文化传统、社会治安、邻里关系等。

(二)环境污染

环境污染是指由于某种物质或能量的介入，使环境质量恶化的现象。能够引起环境污染的物质被称为污染物，如二氧化硫等有害气体，铅、汞等重金属等。污染物质对环境的污染有一个从量变到质变的发展过程，当某种能造成污染的物质的浓度或其总量超过环境的自净能力，就会产生危害，环境就受到了污染。能量的介入也会使环境质量恶化，如热污染、噪声污染、电磁辐射污染等。

二、环境污染的分类

环境污染的分类形式有多种，如按环境要素分：大气污染、水体污染、土壤污染；按人类活动分：工业环境污染、城市环境污染、农业环境污染、海洋污染；按造成环境污染的性质、来源分：化学污染、生物污染、物理污染（噪声污染、放射性污染、电磁波污染）、固体废物污染、能源污染等。下面以按环境要素分类加以介绍。

(一)大气污染

按照国际标准化组织(ISO)的定义：大气污染通常是指由于人类活动或自然过程引起某些物质进入大气中，呈现出足够的浓度，达到足够的时间，并因此对人类、生物和物体造成危害的现象。

大气污染主要发生在离地面约 12km 的范围内，随大气环流和风向的移动而漂移，使大气污染成为一种流动性污染，具有扩散速度快、传播范围广、持续时间长、造成损失大等特点。

(二)水污染

水污染指进入水中的污染物超过了水体自净能力而导致天然水的物理、化学性质发生变化，使水质下降，并影响到水的用途以及水生生物生长的现象。

水污染主要由人类活动产生的污染物而造成的，它包括工业污染源、农业污染源和生活污染源三大部分。工业废水是水域的重要污染源，具有量大、面积广、成分复杂、毒性大、不易净化、难处理等特点；农业污染源包括牲畜粪便、农药、化肥等；生活污染源主要是城市生活中使用的各种洗涤剂和污水、垃圾、粪便等，多为无毒的无机盐类，生活污水中含氮、磷、硫多，致病细菌多。

(三)土壤污染

土壤污染指对人类及动、植物有害的化学物质经人类活动进入土壤，其积累数量和速度超过土壤净化速度的现象。

土壤污染大致可分为无机污染物和有机污染物两大类。无机污染物主要包括酸、碱、重金属，盐类、放射性元素铯、锶的化合物，含砷、硒、氟的化合物等。有机污染物主要包括有机农药、酚类、氰化物、石油、合成洗涤剂、3,4-苯并芘以及由城市污水、污泥及厕肥带来的有害微生物等。当土壤中含有害物质过多，超过土壤的自净能力，就会引起土壤的组成、结构和功能发生变化，微生物活动受到抑制，有害物质或其分解产物在土壤中逐渐积累通过"土壤→植物→人体"，或通过"土壤→水→人体"间接被人体吸收，从而危害人体健康。

(四)核辐射污染

核辐射，或通常称为放射性，存在于所有的物质之中，这是亿万年来存在的客观事实，是正常现象。核辐射是原子核从一种结构或一种能量状态转变为另一种结构或另一种能量状态过程中所释放出来的微观粒子流。核辐射可以使物质引起电离或激发，故称为电离辐射。电离辐射又分直接致电离辐射和间接致电离辐射。直接致电离辐射包括质子等带电粒子。间接致电离辐射包括光子、中子等不带电粒子。

大气和环境中的放射性物质，可经过呼吸道、消化道、皮肤、直接照射、遗传等途径进入人体，一部分放射性核元素进入人体生物循环，并经食物链进入人体，最终导致基因突变或癌变。

核电站燃料的铀氧化物开始裂变反应后，会产生大量的能量，同时释放出中子并生成高度放射性的钚-239，这些生成的钚-239再次发生裂变，再释放出更多能量。钚比铀的放射性更大，毒性更强。影响周边环境，严重损害人类健康。核安全问题专家介绍，钚对人体肺和肾威胁很大。

第二节　环境污染的危害

环境污染会给生态系统造成直接的破坏和影响，如沙漠化、森林破坏，也会给人类社会造成间接的危害，有时这种间接环境效应的危害比当时造成的直接危害更大，也更难消除。例如，温室效应、酸雨和臭氧层破坏就是由大气污染衍生出的环境效应。这种由环境污染衍生的环境效应具有滞后性，往往在污染发生的当时不易被察觉或预料到，然而一旦发生就表示环境污染已经发展到相当严重的地步。当然，环境污染的最直接、最容易被人所感受的后果是使人类环境的质量下降，影响人类的生活质量、身体健康和生产活动。例如，城市的空气污染造成空气污浊，人们的发病率上升等；水污染使水环境质量恶化，饮用水源的质量普遍下降，威胁人的身体健康，引起胎儿早产或畸形等。严重的污染事件不仅带来健康问题，也造成社会问题。随着污染的加剧和人们环境意识的提高，由于污染引起的人群纠纷和冲突逐年增加。

一、大气污染的危害

(一)对人体健康的危害

人需要呼吸空气以维持生命。一个成年人每天呼吸大约 2 万多次，吸入空气达 15～20m^3。因此，被污染了的空气对人体健康有直接的影响。大气污染对人的危害大致可分为急性中毒、慢性中毒、致癌作用 3 种。

1. 急性中毒

大气中的污染物浓度较低时，通常不会造成人体急性中毒，但在某些特殊条件下，如工厂在生产过程中出现特殊事故，大量有害气体泄露外排，外界气象条件突变等，便会引起人群的急性中毒。例如印度博帕尔毒气泄漏事件，1984 年 12 月 3 日凌晨，印度中央邦的博帕尔市美国联合碳化物属下的联合碳化物(印度)有限公司，设于博帕尔贫民区附近一所农药厂发生氰化物异氰酸甲酯泄漏，当时有 2000 多名博帕尔贫民区居民即时丧命，后来更有两万人死于这次灾难，很多博帕尔居民导致永久残废，当地居民的患癌率及儿童夭折率，因这次灾难而远比其他印度城市为高。

2. 慢性中毒

大气污染对人体健康慢性毒害作用，主要表现为污染物质在低浓度、长时间连续作用于人体后，出现的患病率升高等现象。近年来，我国城市居民肺癌发病率很高，其中最高的是上海市，城市居民呼吸系统疾病明显高于郊区。

3. 致癌作用

这是长期影响的结果，是由于污染物长时间作用于肌体，损害体内遗传物质，引起突变，如果生殖细胞发生突变，使后代肌体出现各种异常，称为致畸作用；如果引起生物体细胞遗传物质和遗传信息发生突然改变作用，又称致突变作用；如果诱发成肿瘤的作用称为致癌作用。环境中致癌物可分为化学性致癌物、物理性致癌物、生物性致癌物等。致癌作用过程相当复杂，一般有引发阶段、促长阶段。能诱发肿瘤的因素，统称致癌因素。由于长期接触环境中致癌因素而引起的肿瘤，称为环境瘤。

(二)对植物的危害

大气污染物，尤其是二氧化硫、氟化物等对植物的危害是十分严重的。当污染物浓度很高时，会对植物产生急性危害，使植物叶表面产生伤斑，或者直接使叶枯萎脱落；当污染物浓度不高时，会对植物产生慢性危害，使植物叶片褪绿，或者表面上看不见什么危害症状，但植物的生理机能已受到了影响，造成植物产量下降，品质变坏。酸雨可以直接影响植物的正常生长，又可以通过渗入土壤及进入水体，引起土壤和水体酸化、有毒成分溶出，从而对动、植物和水生生物产生毒害。严重的酸雨会使森林衰亡和鱼类绝迹。

(三)对天气和气候的影响

大气污染物质还会影响天气和气候。颗粒物使大气能见度降低，减少到达地面的太阳光辐射量。尤其是在大工业城市中，在烟雾不散的情况下，日光比正常情况减少40%。高层大气中的氮氧化物、碳氢化合物和氟氯烃类等污染物使臭氧大量分解，引发的"臭氧洞"问题，成为了全球关注的焦点。

从工厂、发电站、汽车、家庭小煤炉中排放到大气中的颗粒物，大多具有水汽凝结核或冻结核的作用。这些微粒能吸附大气中的水汽使之凝成水滴或冰晶，从而改变了该地区原有降水(雨、雪)的情况。人们发现在离大工业城市不远的下风向地区，降水量比四周其他地区要多，这就是所谓"拉波特效应"。如果微粒中央夹带着酸性污染物，那么，在下风地区就可能受到酸雨的侵袭。

二、水污染的危害

(一)对人体健康的危害

水污染后，通过饮水或食物链，污染物进入人体，使人急性或慢性中毒。砷、铬、铵类、苯并芘等，还可诱发癌症；被寄生虫、病毒或其他致病菌污染的水，会引起多种传染病和寄生虫病；被镉污染的水、食物，人饮食后，会造成肾、骨骼病变，摄入硫酸镉20mg，就会造成死亡；铅造成的中毒，引起贫血，神经错乱；六价铬有很大毒性，引起皮肤溃疡，还有致癌作用；饮用含砷的水，会发生急性或慢性中毒。砷使许多酶受到抑制或失去活性，造成肌体代谢障碍，皮肤角质化，引发皮肤癌；有机磷农药会造成神经中毒，有机氯农药会在脂肪中蓄积，对人和动物的内分泌、免疫功能、生殖机能均造成危害；稠环芳烃多数具有致癌作用；氰化物也是剧毒物质，进入血液后，与细胞的色素氧化酶结合，使呼吸中断，造成呼吸衰竭窒息死亡。我们知道，世界上80％的疾病与水有关。伤寒、霍乱、胃肠炎、痢疾、传染性肝炎是人类五大疾病，均由水的不洁引起。

(二)对工农业生产的危害

水质污染后，工业用水必须投入更多的处理费用，造成资源、能源的浪费。食品工业用水要求更为严格，水质不合格，会使生产停顿。这也是工业企业效益不高，质量不好的因素；农业使用污水，使作物减产，品质降低，甚至使人畜受害，大片农田遭受污染，降低土壤质量；海洋污染的后果也十分严重，如石油污染、造成海鸟和海洋生物死亡。

(三)水的富营养化的危害

在正常情况下，氧在水中有一定溶解度。溶解氧不仅是水生生物得以生存的条件，而且氧参加水中的各种氧化还原反应，促进污染物转化降解，是天然水体具有自净能力的重要原因。含有大量氮、磷、钾的生活污水的排放，大量有机物在水中降解放出营养元素，促进水中藻类丛生，植物疯长，使水体通气不良，溶解氧下降，甚至出现无氧层，以致使水生植物大量死亡，水面发黑，水体发臭形成"死湖""死河""死海"，进而变成沼泽。这种现象称为水的富营养化。富营养化的水臭味大、颜色深、细菌多，这种水的水质差，不能直接利用。

三、土壤污染的危害

土壤污染具有隐蔽性和滞后性。大气污染、水污染和废弃物污染等问题一般都比较直观，通过感官就能发现。而土壤污染则不同，它往往要通过对土壤样品进行分析化验和农作物的残留检测，甚至通过研究对人畜健康状况的影响才能确定。因此，土壤污染从产生污染到出现问题通常会滞后较长的时间。

污染物质在大气和水体中，一般都比在土壤中更容易迁移。这使得污染物质在土壤中并不像在大气和水体中那样容易扩散和稀释，因此，容易在土壤中不断积累而超标，同时也使土壤污染具有很强的地域性。如果大气和水体受到污染，切断污染源之后通过稀释作用和自净化作用也有可能使污染问题不断逆转，但是积累在污染土壤中的难降解污染物则很难靠稀释作用和自净化作用来消除。土壤污染一旦发生，仅仅依靠切断污染源的方法则往往很难恢复，有时要靠换土、淋洗土壤等方法才能解决问题，其他治理技术可能见效较慢。因此，治理污染土壤通常成本较高、治理周期较长。而土壤污染问题的产生又具有明显的隐蔽性和滞后性等特点，因此土壤污染问题一般都不太容易受到重视。

四、核污染的危害

核泄漏一般的情况对人员的影响表现在核辐射，也叫作放射性物质，放射性物质可通过呼吸吸入、皮肤伤口及消化道吸收进入体内，引起内辐射，γ辐射可穿透一定距离被机体吸收，使人员受到外照射伤害。

内外照射形成放射病的症状有：疲劳、头昏、失眠、皮肤发红、溃疡、出血、脱发、白血病、呕吐、腹泻等。有时还会增加癌症、畸变、遗传性病变发生率，影响几代人的健康。一般来讲，身体接受的辐射能量越多，其放射病症状越严重，致癌、致畸风险越大。

第三节 主要的环境污染源

环境污染源是指环境污染的发生源。通常指能产生物理的、化学的及生物的有害物质或能量的设备、装置或场所的人类活动引发的环境污染发生源。

一、主要污染源

(一)水污染源

水污染源是造成水域环境污染的污染物发生源。通常是指向水域排放污染物或对水环境产生有害影响的场所、设备和设置。按污染物的来源可分为天然污染源和人为污染源两大类。人为污染源按人类活动的方式可分为工业、农业、生活、交通等污染源；按排放污染物种类的不同，可分为有机、无机污染源，热、放射性、重金属、病原体等的污染源以及同时排放多种污染物的混合污染源；按排放污染物空间分布方式的不同，可分为点、线、面污染源。

(二)大气污染源

大气污染源可分为自然的和人为的两大类。自然污染源是由于自然原因(如火山爆发，森林火灾等)而形成，人为污染源是由于人们从事生产和生活活动而形成。在人为污染源中，又可分为固定的(如烟囱、工业排气筒)和移动的(如汽车、火车、飞机、轮船)两种。由于人为污染源普通和经常地存在，所以比起自然污染源来更为人们所密切关注。大气主要污染源有工业企业、生活炉灶与采暖锅炉、交通运输。

1. 工业企业

工业企业是大气污染的主要来源，也是大气卫生防护工作的重点之一。随着工业的迅速发展，大气污染物的种类和数量日益增多。由于工业企业的性质、规模、工艺过程、原料和产品种类等不同，其对大气污染的程度也不同。

2. 生活炉灶与采暖锅炉

在居住区里，随着人口的集中，大量的民用生活炉灶和采暖锅炉也需要耗用大量的煤炭，特别在冬季采暖时间，往往使受污染地区烟雾弥漫，这也是一种不容忽视的大气污染源。

3. 交通运输

近几十年来，由于交通运输事业的发展，城市行驶的汽车日益增多，火车、轮船、飞机等客货运输频繁，这些又给城市增加了新的大气污染源。其中，具有重要意义的是汽车排出的废气。汽车污染大气的特点是排出的污染物距人们的呼吸带很近，能直接被人吸入。汽车内燃机排出的废气中主要含有一氧化碳、氮氧化物、烃类(碳氢化合物)、铅化合物等。

(三)固体废物

固体废物包括城市生活垃圾、农业废弃物和工业废渣。一般来说，城市每人每天的垃圾量为 1~2kg，其多少及成分与居民物质生活水平、习惯、废旧物资回收利用程度、市政建设情况等有关。国内的垃圾主要为厨房垃圾。有的城市，炉灰占 70%，以厨房垃圾为主的有机物约 20%，其余为玻璃、塑料、废纸等。农业垃圾主要为粪便及植物秸秆类。工业废渣指工业生产过程排出的采矿废石，选矿尾矿、燃料废渣、冶炼及化工过程废渣等。

二、主要污染物

排放到大气中的主要污染物有二氧化硫、飘尘、氮氧化物、碳氢化物、一氧化碳、二氧化碳等。

(一)二氧化硫(SO_2)

二氧化硫主要由燃煤及燃料油等含硫物质燃烧产生，其次是来自自然界，如火山爆发、森林起火等产生。二氧化硫对人体的结膜和上呼吸道黏膜有强烈刺激性，可损伤呼吸器管，可致支气管炎、肺炎，甚至肺水肿呼吸麻痹。短期接触二氧化硫浓度为 $0.5mg/m^3$ 的空气的老年或慢性病人死亡率增高，浓度高于 $0.25mg/m^3$，可使呼吸道疾病患者病情恶化。长期接触浓度为 $0.1mg/m^3$ 空气的人群呼吸系统病症增加。另外，二氧化硫对金属材料、房屋建筑、棉纺化纤织品、皮革纸张等制品容易引起腐蚀，剥落、褪色而损坏。还可使植物叶片变黄甚至枯死。国家环境质量标准规定，居住区日平均浓度低于 $0.15mg/m^3$，年平均浓度低于 $0.06mg/m^3$。

(二)氮氧化物(NO_x)

空气中含氮的氧化物有一氧化二氮(N_2O)、一氧化氮(NO)、二氧化氮(NO_2)、三氧化二氮(N_2O_3)等，其中占主要成分的是一氧化氮和二氧化氮，以 NO_x(氮氧化物)表示。NO_x 污染主要来源于生产、生活中所用的煤、石油等燃料燃烧的产物（包括汽车及一切内燃机燃烧排放的 NO_x)；其次是来自生产或使用硝酸的工厂排放的尾气。当 NO_x 与碳氢化物共存于空气中时，经阳光紫外线照射，发生光化学反应，产生一种光化学烟雾，它是一种有毒性的二次污染物。NO_2 比 NO 的毒性高 4 倍，可引起肺损害，甚至造成肺水肿。慢性中毒可致气管、肺病变。吸入 NO，可引起变性血红蛋白的形成并对中枢神经系统产生影响。NO_x 对动物的影响浓度大致为 $1.0mg/m^3$，对患者的影响浓度大致为 $0.2mg/m^3$。国家环境质量标准规定，居住区的平均浓度低于 $0.10mg/m^3$，年平均浓度低于 $0.05mg/m^3$。

(三)粒子状污染物

空气中的粒子状污染物数量大、成分复杂，它本身可以是有毒物质或是其他污染物的运载体。其主要来源于煤及其他燃料的不完全燃烧而排出的煤烟、工业生产过程中产生的粉尘、建筑和交通扬尘、风的扬尘等，以及气态污染物经过物理化学反应形成的盐类颗粒物。在空气污染监测中，粒子状污染物的监测项目主要为总悬浮颗粒物、自然降尘和飘尘。

(四)酸雨

降水的 pH<5.6 时，降水即为酸雨。煤炭燃烧排放的二氧化硫和机动车排放的氮氧化物是形成酸雨的主要因素；其次气象条件和地形条件也是影响酸雨形成的重要因素。降水酸度 pH<4.9 时，将会对森林、农作物和材料产生明显损害。

(五)一氧化碳(CO)

一氧化碳是无色、无臭的气体。主要来源于含碳燃料、卷烟的不完全燃烧，其次是炼焦、炼钢、炼铁等工业生产过程所产生的。人体吸入一氧化碳易与血红蛋白相结合生成碳氧血红蛋白，而降低血流载氧能力，导致意识力减弱，中枢神经功能减弱，心脏和肺呼吸功能减弱；受害人感到头昏、头痛、恶心、乏力，甚至昏迷死亡。我国空气环境质量标准规定居住区一氧化碳日平均浓度低于 4.00mg/m^3。

(六)氟化物(F)

氟化物指以气态与颗粒态形成存在的无机氟化物。主要来源于含氟产品的生产、磷肥厂、钢铁厂、冶铝厂等工业生产过程。氟化物对眼睛及呼吸器官有强烈刺激，吸入高浓度的氟化物气体时，可引起肺水肿和支气管炎。长期吸入低浓度的氟化物气体会引起慢性中毒和氟骨症，使骨骼中的钙质减少，导致骨质硬化和骨质疏松。我国环境空气质量标准规定城市地区日平均浓度 $7\mu\text{g/m}^3$。

(七)铅及其化合物(Pb)

存在于总悬浮颗粒物中的铅及其化合物主要来源于汽车排出的废气。铅进入人体，可大部分蓄积于人的骨骼中，损害骨骼造血系统和神经系统，对男性的生殖腺也有一定的损害。临床症状为贫血、末梢神经炎，出现运动和感觉异常。我国尿铅 $80\mu\text{g/L}$ 为正常值，血铅正常值小于 $50\mu\text{g/mL}$。

第四节　环境污染的防治

一、水污染的防治

(一)水污染的防治对策

1. 工业水污染的防治对策

(1)宏观控制。宏观控制是把水污染防治和保护水环境作为重要的战略目标，优化产业结构与工业结构，合理进行工业布局。

目前，我国的工业生产正处在一个关键的发展阶段，应在产业规划和工业发展中，贯穿可持续发展的指导思想，调整产业结构，完成结构的优化，使之与环境保护相协调。工业结构的优化与调整应按照"物耗少、能源少、占地少、污染少、运量少、技术密集程度高及附加值高"的原则，限制发展那些能耗大、用水多、污染大的工业，以降低单位工业产品或产值的排水量及污染物排放负荷。

(2)技术性控制。技术性控制对策主要包括：推行清洁生产、节水减污、实行污染物排放总量控制、加强工业废水处理等。

2. 城市水污染的防治对策

我国城市基础设施落后，城市废水的集中处理率目前不足 10%，大量未经妥善处理的城市废水肆意排入江、河、湖、海，造成严重的水污染。因此，加强城市废水的治理十分重要。

(1)将水污染防治纳入城市的总体规划。各城市应结合城市总体规划与城市环境总体规划，将不断完善下水道系统作为加强城市基础设施建设的重要组成部分予以规划、建设和运行维护。对于旧城区已有的雨污水合流系统应做适当的改造，新城区建设应在规划时考虑配套建设雨水、污水分流制下水道系统。城市废水处理厂是解决城市水污染的重要手段。

(2)城市废水的防治应遵循集中与分散相结合的原则。一般而言，集中建设大型城市废水处理厂与分散建设小型废水处理厂相比，具有基建投资少、运行费用低、易于加强管理等优点。但在人口相对分散的地区，城市废水厂的服务面积大，废水收集费用增加，适当分散治理可以减少废水收集管道和废水厂建设的整体费用。

(3)在缺水地区应综合考虑废水的再利用。随着世界城市化进程加快，许多城市严重缺水，特别是工业和人口过度集中的大城市和超大城市，情况更加严重。因此，在水资源短缺地区，在考虑城市水污染防治对策时应充分注意与城市废水资源化相结合，在消除水污染的同时，进行废水再生利用，以缓解城市水资源短缺的局面。

3. 农村水污染的防治对策

常见的农村水污染有：农田中使用的化肥、农药，会随雨水径流流入地表水体或渗入地下水体；畜禽养殖粪便及居民生活污水，往往也以无组织的方式排入水体。其污染源面广而分散，污染负荷也相对较大，是水污染防治中不容忽略而且较难解决的问题。

(1)发展节水型农业。农业节水可以采取的措施有：大力推行喷灌、滴灌等各种节水技术；制订合理的灌溉用水定额，实行科学灌溉；减少输水损失，提高灌溉渠利用率和灌洒水利用率。

(2)合理利用化肥和农药。化肥污染防治对策有：改善灌溉方式和施肥方式，减少肥料流失；加强土壤和化肥的化验与监测，科学定量施肥；调整化肥品种结构，采用高效、复合、缓放新化肥品种；增加有机复合肥的施用；大力推广生物肥料的使用；加强农田工程建设，防止土壤及肥料流失。

农药污染防治对策有：开发、推广和应用生物防治病虫害技术，减少有机农药的使用量；研究采用多效抗虫害农药，发展低毒、高效、低残留量新农药。

(3)加强对畜禽排泄物、乡镇企业废水及村镇生活污水的有效处理。对畜禽养殖业的污染防治可采取的措施有：合理布局，控制发展规模；加强畜禽粪尿的综合利用，改进粪尿清除方式；制订畜禽养殖场的排放标准、技术规范及环保条例等。

对乡镇企业废水及村镇生活污水的防治可采取的措施有：对乡镇企业的建设统筹规划，合理布局，大力推行清洁生产，实施废物最少量化；限期治理污染严重的企业，对不能达标的污染企业要坚决关、停、并、转；在乡镇企业集中的地区以及居民住宅集中的地区，逐步完善下水道系统，并修建一些简易的污水处理设施，如地下渗浊场、稳定塘、人工湿地以及各种类型的土地处理系统。

(二)废水处理的基本方法

废水中污染物多种多样，从污染形态分：溶解性的、胶体状的和悬浮状的污染物；从化学性质分：有机污染物和无机污染物；有机污染物从生物降解的难易程度又可分为：可生物降解的有机物和不可生物降解的有机物。废水处理即是利用各种技术措施将各种形态的污染物从废水中分离出来，或将其分解、转化为无害和稳定的物质，从而使废水得以净化的过程。

根据所采用的技术措施的作用原理和去除对象，废水处理方法可分为物理处理法、化学处理法和生物处理法3类。

1. 物理处理法

物理处理法是利用污染物的物理特性，将污水中的悬浮物、漂浮物、可沉淀物等去除。主要工艺有调节池、格栅、筛网、沉淀、气浮、离心、砂滤等。

2. 化学处理法

化学处理法是利用化学反应来分离、回收废水中的污染物，或将其转化为无害物质。主要工艺有中和、混凝、化学沉淀、氧化还原、吸附、萃取等。

3. 生物处理法

在自然界中有大量的微生物具有氧化分解有机物并将其转化成稳定无机物的能力。废水的生物处理法就是利用微生物的这一功能，并采用一定的人工措施，营造有利于微生物生长、繁殖的环境，使微生物大量繁殖，以提高微生物氧化、分解有机物的能力，从而使废水中的有机污染物得以净化的方法。

二、大气污染的防治

能源生产和消耗是我国大气污染的主要来源。大气污染的防治措施主要有：提高能源效率和节能、洁净煤技术，开发新能源和可再生能源，机动车污染控制及工业污染防治等。

在许多情况下提高能源效率和节能是减少污染物排放的最有效方法，并且在所有污染防治技术中节能是最经济的方法，不但减少了温室气体的排放，还节约了能源，具有相当的经济效益。

新能源和可再生能源方面主要有：天然气、水力发电、太阳能、风能、生物能、核能等。

工业污染的控制措施主要有：积极促进老企业技术改造，推行清洁生产；推广燃煤锅炉的更新换代，提高锅炉效率；促进乡镇企业更新改造和技术换代，提高乡镇企业污染治理率；积极推广已有的污染控制实用技术，提高防尘装置的安置量和除尘效率；推广应用各类烟气净化工艺等。

三、固体污染物的控制

对固体废物污染的控制，关键在于解决好处理、处置和综合利用。首先，需要从污染源头抓起，改进或采用清洁生产工艺，尽量少排或不排废物，这是控制工业固体废物污染的根本措施；其次，需要强化对有害废物污染的控制，实行从产生到最终无害化处置全过程的严格管理；再次，需要提高全民对固体废物污染环境的认识，做好科学宣传教育。

第**6**章

化学与森林防火

第一节　森林火灾

森林火灾，是指失去人为控制，在林地内自由蔓延和扩展，对森林、森林生态系统和人类带来一定危害和损失的林火行为。森林火灾是一种突发性强、破坏性大、处置救助较为困难的自然灾害。

林火发生后，按照对林木是否造成损失及过火面积的大小，可把森林火灾分为森林火警（受害森林面积不足 $1hm^2$）、一般森林火灾（受害森林面积在 $1 \sim 100hm^2$）、重大森林火灾（受害森林面积在 $100 \sim 1000hm^2$）、特大森林火灾（受害森林面积 $1000hm^2$ 以上）。

一、森林火灾的形成

(一)森林火灾产生的原因及种类

1. 森林火灾产生的原因

森林火灾的起因主要有人为火和自然火 2 类。

（1）人为火

①生产性火源　农、林、牧业生产用火，林副业生产用火，工矿运输生产用火等。

②非生产性火源　如野外吸烟，做饭，烧纸，取暖等。

③故意纵火。

（2）自然火。包括雷电火、自燃等。由自然火引起的森林火灾约占我国森林火灾总数的 1%。

2. 森林火灾的种类

一般分为地表火、树冠火和地下火 3 种。

(1)地表火。火沿林地表面蔓延，烧毁地被物，为害幼树、灌木、下木，烧伤大树干基部和露出地面的树根等。一般温度在 400℃左右，烟为浅灰色，约占森林火灾的 94%。按其蔓延速度和为害性质又分为两类：急进地表火，蔓延快，通常每小时达几百米至千余多米，燃烧不均匀，常留下未烧地块，为害较轻，火烧迹地呈长椭圆形或顺风伸展呈三角形；稳进地表火，蔓延慢，一般每小时仅几十米，烧毁所有地被物，乔灌木低层枝条也被烧伤，燃烧时间长，温度高，为害严重，火烧迹地呈椭圆形。

(2)树冠火。火沿树冠蔓延，主要由地表火在强风的作用下引起。破坏性大，能烧毁针叶、树枝和地被物等，一般温度在 900℃，烟柱可高达几千米，常发生飞火，烟为暗灰色，不易扑救，约占森林火灾的 5%，多发生在长期干旱的针叶林内，一般阔叶林内不大发生。按其蔓延速度和为害程度又分为两类：急进树冠火，又称狂燃火，蔓延速度快，火焰跳跃前进，顺风每小时可达 8~25km，树冠火常将地表火远远抛在后面，形成上下两股火，火烧迹地呈长椭圆形；稳进树冠火，又称遍燃火，蔓延速度慢，顺风每小时为 5~8km，树冠火与地表火，上下齐头并进，林内大部分可燃物都被烧掉，是森林火灾中为害最严重的一种，火烧迹地为椭圆形。

(3)地下火。地下火又称泥炭火或腐殖质火。火在林地的腐殖质层或泥炭层中燃烧，地表看不见火焰，只见烟雾，蔓延速度缓慢，每小时仅 4~5m，持续时间长，能持续几天、几个月或更长，可一直烧到矿物质层或地下水层。破坏性大，能烧掉土壤中所有的泥炭、腐殖质和树根等，不易扑灭。火烧后林地往往出现成片倒木，约占森林火灾面积的 1%。火烧迹地呈环形。多发生在特别干旱的针叶林地内。

(二)森林火灾形成的条件

森林火灾形成包括森林可燃物、火源和氧气(助燃物)。

1. 森林可燃物

森林中所有的有机物质，如乔木、灌木、草类、苔藓、地衣、枯枝落叶、腐殖质和泥炭等，都是可燃物。其中，有焰燃烧可燃物又称明火，能挥发可燃性气体产生火焰，占森林可燃物总量 85%~90%，其特点是蔓延速度快，燃烧面积大，消耗自身的热量仅占全部热量的 2%~8%；无焰燃烧可燃物又称暗火，不能分解足够可燃性气体，没有火焰，如泥炭、朽木等，占森林可燃物总量的 6%~10%，其特点是蔓延速度慢，持续时间长，消耗自身的热量多，如泥炭可消耗其全部热量的 50%，在较湿的情况下仍可继续燃烧。

2. 火源

不同森林可燃物的燃点温度各异。干枯杂草燃点为 150~200℃，木材为 250~300℃，要达到此温度需有外来火源。

火源按性质可分为：

(1)自然火源。有雷击火、火山爆发和陨石降落起火等，其中最多的是雷击火，我国黑龙江大兴安岭、内蒙古呼盟和新疆阿尔泰等地区最常见。

(2)人为火源。绝大多数森林火灾都是人为用火不慎而引起，约占总火源的 95%以上。人为火源又可分为生产性火源(如烧垦、烧荒、烧木炭、机车喷漏火、开山崩石、放牧、狩猎和烧防火线等)和非生产性火源(如野外做饭、取暖、用火驱蚊驱兽、吸烟、小孩玩火和坏人放火等)。

3. 氧气(助燃物)

燃烧 1kg 木材要消耗 $3.2\sim4.0m^3$ 空气(纯氧 $0.6\sim0.8m^3$),因此,森林燃烧必须有足够的氧气才能进行。通常情况下空气中的氧气约占 21%。当氧气在空气中的含量减少到 14%~18% 时,燃烧就会停止。

(三)森林火灾的规律性

森林火灾的发生、蔓延和火灾的强度,都有其规律性。

1. 发生规律

森林火灾的发生除上述 3 个条件外,还与天气(如高温、连续干旱、大风等)有密切关系。热带雨林中常年降雨,林内湿度大,植物终年生长,体内含水量大,一般不易发生火灾。但其他森林不论在热带、温带和寒带地区都有可能发生火灾。一般具有下述变化规律:

(1)年周期性变化。降水多的湿润年一般不易发生火灾。森林火灾多发生在降水少的干旱年,由于干旱年和湿润年的交替更迭,森林火灾就有年周期性的变化。

(2)季节性变化。凡一年内干季和湿季分明的地区,森林火灾往往发生在干季。这时雨量和植物体内含水量都少,地被物干燥,容易发生火灾,称为火灾季节(防火期)。我国南方森林火灾多发生在冬、春季,北方多发生在春、秋季。

(3)日变化。在一天内,太阳辐射热的强度不一,中午气温高,相对湿度小,风大,发生森林火灾的次数多;早晚气温低,相对湿度大,风小,发生森林火灾的次数少。

此外,森林火灾还和可燃物的性质有关:细小的干枯杂草和枯枝落叶等是最易燃烧的危险引火物;干燥和死的可燃物较潮湿或活的可燃物易燃;含大量树脂的针叶树和樟树、桉树等阔叶树较一般阔叶树易燃。郁闭度大的林分林内潮湿,不易发生火灾;反之,则易发生。森林火灾和地形因子也有关系,如阳坡日照强,林地温度高,林内可燃物易干燥,陡坡雨水易流失,土壤水分少,都易发生火灾。

森林火灾的发生过程一般可分为 3 个阶段:

(1)预热阶段。这时在外界火源的作用下,可燃物的温度缓慢上升,蒸发大量水蒸气,伴随产生大量烟雾,部分可燃性气体挥发,可燃物呈现收缩和干燥,处于燃烧前的状态。

(2)气体燃烧阶段。随着可燃物的温度急骤增加,可燃性气体被点燃,发出黄红色火焰,并产生二氧化碳和水蒸气。

(3)木炭燃烧阶段。木炭燃烧即表面碳粒子燃烧,看不到火焰,只有炭火,最后产生灰分而熄灭。

2. 蔓延规律

林火的蔓延主要与热对流、热辐射和热传导等 3 种热传播形式有关。热对流是由于热空气上升,周围冷空气补充而在燃烧区上方形成对流烟柱。可集聚燃烧的热量近 3/4。它在强风的作用下,往往是使地表火转为树冠火的主要原因。热辐射是地表火蔓延的主要传热方式。它以电磁波的形式向四周直线传播,其传热与热源中心平方距离成反比。热传导是可燃物内部的传热方式,其传热快慢决定于可燃物导热系数的大小,是地下火蔓延的主要原因。火的蔓延速度和风速的平方成正比，在山地条件下，由下向上蔓延快，火势强，称为冲火；由山上向下蔓延慢，火势弱，称为坐火。蔓延速度最快、火势最强的部分为火头，蔓延速度最慢与火头方向相反的部分为火尾，介于火头与火尾两侧的部分为火翼。接近火头部分的火翼蔓延较快，而接近火尾的火翼部分蔓延较慢。在平坦地，无风时火的初期蔓延形状为圆形或近似圆形；大风时则为长椭圆形，其长轴与主风方向平行；在主风方向不定时($30°\sim40°$变化)常呈扇形。在山岗地形蔓延时，火向两个山脊蔓延较快，而在沟谷中蔓延较慢，常呈凹形或鸡爪形。

3. 火灾强度

森林火灾强度不一，高强度的火具有上升对流烟柱和涡流，能携带着火物传播到火头前的远方，产生新的火点和火场，称为飞火。危害极大，是森林大火灾和特大火灾的特征，很难扑救；低强度的火，没有对流烟柱，火焰小，平面发展，人能靠近扑打。林火强度用火烽前单位长度所释放的功率来表示(kW/m)。一般采用美国物理学家 G. M. 拜拉姆的公式来计算，即 $I=0.007HWR$，式中 I 为火线强度(kW/m)；H 为热值(J/g)；W 为有效可燃物量(t/hm^2)；R 为蔓延速度(m/min)。

影响林火蔓延和强度的因素很多，主要有可燃物的种类、数量和含水率，地形变化和立地条件的干湿程度以及风速的大小等。

二、森林火灾的常用灭火方法

扑灭森林火灾的基本原理，就是破坏它的燃烧条件，不让燃烧三要素——可燃物、氧气和火源结合在一起。只要消除三要素中的任何一个，燃烧就会停止。

据此，扑灭森林火灾的根本方法有 3 个：隔离可燃物，使可燃物不连续，隔离空气，使空气中的氧气含量低于能够燃烧的下限；散热降温，使燃烧处的温度降到燃点以下或使附近可燃物的温度达不到燃点；中断燃烧反应链，改变热解反应途径，稀释可燃气体浓度，使其浓度降低到燃点以下。

1. 地面扑火

地面扑火工具包括消防水车(水龙带、水泵、水、消防员和手工具)、开沟联合机(开沟建立防火线和直接灭火两用)，专用于开设防火线的拖拉机、扑火工具，如斧子、长柄锹、耙子、油锯、扫把、镰刀，点火器、引火索、背负式喷雾器等。

2. 化学灭火

使用化学灭火剂扑灭林火是加拿大、日本、美国等国通用的灭火技术。目前，国外使用的灭火材料有：水、短效阻火剂和长效阻火剂。短效阻火剂在水中加入膨润土、藻朊酸钠等增稠剂，使水变厚，喷洒在可燃物上，使水蒸发缓慢，但干燥后就失去了阻燃效果。短效阻火剂相当于几倍水的作用，而成本稍高于水，适用于直接灭火和开辟防火线等。长效阻火剂，在水中加化学药剂，一般 100L 水中加入 $10\sim12kg$ 的长效阻火剂，混合成液状，水只起载体作用，因药效持久，干燥后，仍具有阻火能力。它的长处是阻火效果好，可长期贮存，适于开辟阻火带或直接灭火，灭火效果相当于 10 倍水，其缺点是要混合基地，而且成本较高。

化学药剂可以用小型喷雾机、消防车或"飞机喷洒"，也可制成灭火弹进行灭火。所以国外除注重寻求廉价有效的森林化学灭火剂外，还在研究和探讨用航空喷洒化学药剂，结合地面"大兵团"作战的组织协作，为能更有效地控制大面积森林火灾成为可能。俄罗斯注重地面化学灭火为主，境内有 2000 个地面化学灭火站。美国的地面、空中化学灭火同时发展，空中喷药的飞机主要有海军鱼雷轰炸机，装药 2.33t，每次喷洒长度为 57m。

3. 爆炸灭火

爆炸灭火是指事先在地下埋好火药，火焰迫近时引爆，或者投掷灭火弹灭火的方法。爆炸时，将土掀起覆盖在可燃物上，造成与空气的隔绝，从而熄灭火焰。用索状炸药开设控制线速度快、效果很好。

4. 人工催化降雨灭火

目前大面积森林火灾，最后几乎都是靠下雨而浇灭的。因此，在扑救大面积森林火灾时，人工催化降雨灭火就显得尤为突出。但是人工催化降雨，需要一定的条件和技术，因而，它的应用受到了一定的限制。

现在用于人工催化降雨的催化剂主要有干冰、碘化银、碘化铅、硫酸铜、硫酸铵、固体二氧化氮、甲胺等；其中效果最好的是烟雾状的碘化银、碘化铅和粉末状的硫酸铜，而以硫酸铜最有发展前途。催化剂的撒布方法有：地面发生器撒布法、高炮火箭撒布法、气球撒布法、飞机撒布法。

5. 空气灭火

由于森林面积大，地面灭火受到一定的限制。因此，国外把航空技术应用到森林防火中，把它视为森林防火灭火的重要手段。从 20 世纪 50 年代开展航空护林以来至今，航空护林防火灭火取得了迅速的发展。

三、森林火灾化学灭火的特点

1. 灭火快，效果好，复燃率小

化学药剂所到之处，火立即被扑灭，其彻底性是人工扑打方法所不能相比的。它适用于扑救地表火、树冠火和地下火。既可用于直接灭火，也可用于建造防火隔离带。

2. 改变了用人海战术的灭火方法

目前，一旦发生森林火灾，除了专业扑火队员投入紧张的扑火工作外，还要调动其他人员，相关的党政军各界停工、停产，一起投入抢救国家森林资源的斗争中。据统计，国家每年要调动十多万人上山打火，造成大量人力、物力和财力的损失，同时也造成大量伤亡事故。施用化学灭火只需为数不多的经过专门训练的队伍去扑火。在火灾发生的初期施用化学灭火剂，能更好地发挥化学灭火的威力，达到"打早，打小，打了"的目的。

3. 大大地减少了灭火用水量

水是最常用的灭火剂，但在林区内往往缺乏水源，需要用各种运载工具来运送水，使水的用量受到很大的限制。向水中添加各种化学药剂，提高水的灭火效能，大大地减少灭火用水量。不仅如此，当水完全蒸发后，化学药剂仍具有很好灭火效能，所以常称化学灭火药剂为长效灭火剂。

第二节 森林火灾常用的化学灭火剂

一、森林灭火对化学灭火剂的要求

对于森林火灾，只有符合以下条件的才能作为灭火的化学药剂。

①单位体积内用药量少，即药剂的效力要较高。

②不会出现复燃现象，或者出现复燃现象的机率很小。

③药剂对森林可燃物具有很好的黏附性能，并在黏附后立即在可燃物上铺展开来，渗透到下层可燃物中，防止火从下面穿过。

④对于空中施用的药剂，药液应具有一定黏度，使飞机在安全高度下喷洒时，药液随风飘散损失较少。

⑤药液性能稳定，可在相当长一段时间贮存后，其物理性质和化学性质改变不大。

⑥药剂来源丰富，方便，价格低廉。

⑦对动植物无毒、无害，不会污染森林环境，不会对森林生态系统造成重大影响。

化学灭火剂按所采用的剂型可分为水剂、乳剂、干粉剂等；按作用时间长短可分为短效灭火剂和长效灭火剂两类。

二、短效灭火剂

短效灭火剂包括纯水、加入润湿剂的湿润水和加入增稠剂的黏稠水。

(一)纯水

水的灭火作用包括3个方面。

1. 水的冷却作用

水的比热是$1kJ/kg$，即每千克水温度升高$1℃$，需要吸收$1kJ$热量；水的汽化热是$540kJ/kg$，即每千克水蒸发成水蒸气，需吸收$540kJ$热量。因此，当水与炽热燃烧着的物质接触时，在被加热和汽化过程中，大量吸收燃烧着的物质的热量，迫使燃烧着的物质温度大大降低，最终停止燃烧。

水的吸热作用与表面积成正比，所以，当用于灭火时，水最好是分散成细小液滴或雾状。

2. 水对氧气的稀释作用

水与炽热的燃烧着物质相遇产生大量水蒸气，它能阻止空气进入燃烧区内，并能稀释燃烧区内的氧气含量。当燃烧区内氧气含量从21%降低到$14\%\sim18\%$时，燃烧作用将大大降低，甚至由于氧气的供应不充分而使燃烧作用停止，使火截住。特别是地下火，由于空间闭塞，水蒸气顶替了空间中的氧气，使燃烧停止。然而，森林火灾通常在开放系统中燃烧，产生大量的水蒸气会迅速地被风驱散进入到大气中，对燃烧作用影响较小。只有对枯倒木内部的燃烧，或者对很深山沟中的燃烧情况，这种效应才较为显著。

3. 水对可燃物的作用

水直接喷洒到可燃物上，使可燃物湿润，特别是地表植被更易被湿润，延缓了燃烧作用。当用每平方厘米几千克至几十千克压力的水流时，以它很大的动能和冲击力，能起到切断可燃物的作用，形成一条防火带，提高扑灭火灾的效果。

实际上，完全用水扑灭森林火灾需水量往往很大，根据测算，要扑灭木材火，用水速度需要量为每平方米火烧面积 5~10kg/min，这一数量是相当可观的。而森林内往往缺乏水源，所以用纯水扑灭森林火灾是不现实的。

(二)湿润水

在纯水中添加能够降低水的表面张力，增加水的浸润和铺展能力，并有乳化和起泡作用的湿润剂，改变纯水的物理性质，以利于灭火。这样的水叫作湿润水。

1. 湿润水灭火的优点

①渗入木材的能力为清水的 8 倍多，且随着木材的种类、表面性质而改变。

②渗入木炭的能力为清水的 5 倍多。

③在木材表面上铺展能力为清水的 2~8 倍。随着木材的品种不同而异。

④由于产生乳化和起泡，能有效地保存一定量水，防止水的流失。

⑤用水量减少 23%，缩短时间 13%，复燃几率降低到 30%(以纯水复燃率为 100%)。

2. 湿润水的施用场合

(1)用于清理火场内余火。当火场内主要火头被扑灭后，仅留下零星小火，或者是在可燃物深层内进行的无焰燃烧和熏烧时，湿润水具有的渗透和铺展能力，对于它们是十分有效的，而且复燃性很小。

(2)用于扑灭地表火。例如，松针堆、枯枝落叶丛、厚的草甸子等火灾，甚至木工厂的锯木屑的火灾，都要求有较大渗透性的湿润水。

3. 常用的润湿剂

各种商品的去垢剂(例如苯磺酸钠)都可用作润湿剂，最好是能与磷酸铵或硫酸铵等灭火剂共溶于水，且无毒、无腐蚀性、溶解度大、泡沫不要太多。一般常用润湿剂浓度为 1%。

(三)黏稠水

当向水中加入某些化学药剂以提高水的黏度，这些化学药剂称为增稠剂，所得水溶液称为黏稠水。

1. 黏稠水的优点

①容易黏附在可燃物上，防止了水的流失，对于重型可燃的火灾效果特别好。

②黏稠水表面易形成一层膜，延长了短效灭火剂的有效时间。

③黏稠水用飞机空中喷洒时，随风飘散损失较小。

2. 黏稠水的缺点

①黏稠水渗透能力较差。

②喷洒黏稠水的地面溜滑，对操作人员的安全不利。

3. 黏稠水贮存时黏度的变化

黏稠水在贮存过程中由于下列因素引起黏度下降：

(1)水温变化。黏度通常随着温度升高而降低。早晨温度低时混合达到合适黏度，到中午水温升高后黏度下降，晚间温度降低，黏度又重新增大。

(2)细菌污染。增稠剂一般为有机高分子化合物，加入水中后会受到细菌的侵袭，导致黏度下降。而且一旦受到细菌侵袭后，几天之内黏度下降很快并产生恶臭。水槽中被这种细菌污染后很难排除。最好将其立即用掉，贮槽仔细地清洗，并进行消毒处理。用海藻酸钠盐和瓜尔胶配制的黏稠水易被细菌侵袭，补救办法是向黏稠水中加入聚甲醛等防腐剂。

(3)化合物污染。配制好的黏稠水，当落入某种化合物后，黏度也会急剧下降。若贮槽中存在大量铁锈能引起黏度降低，所以要求贮存黏稠水的贮槽内壁要进行防锈处理。水中有微量的盐也能引起黏度下降。

4. 黏稠水的施用场合

①黏稠水特别适用于扑灭高强度火，如灌木丛和枝桠堆的火灾，以及高而厚的草地火灾，有很大优越性。

②用于清除原木、树桩的余火，大大缩短操作时间。

③用于扑灭建筑物的火灾。

5. 常用的增稠剂

增稠剂种类很多，但森林化学灭火中常见的有如下几种：

(1)羧甲基纤维素钠。它是白色、无嗅、无味的粉末。水溶液干燥后形成一层坚硬的薄膜。不易腐败变质，常用于磷酸铵、核酸铵溶液，作灭火药剂的增稠剂。

(2)瓜尔胶。瓜尔胶是生长在南美洲一种豆科植物中提取出来的一种植物胶。它为多糖类化合物，水解后可得甘露糖和半乳糖。白色、无嗅、无毒、无腐蚀性，易溶于水呈黏稠溶液，易受到细菌侵袭而变质。它可以单独施用，也可以与磷酸铵、硫酸铵等灭火剂结合施用，施用时需加防腐剂。

(3)海藻酸钠。海藻酸钠是从海藻中提取的有机化合物，呈淡黄色至棕色的粉末状或粒状，具有鱼腥味。易溶于水形成黏稠溶液，易被细菌污染而腐败变质，因此施用时需加防腐剂。

(4)皂土。皂土又称膨润土，用于森林灭火的是高膨胀性的钠型皂土，它膨胀后可作为水的载体，能在森林可燃物上形成很厚的覆盖层，在正常春季干旱条件下可以保持阻火效能达 1~2h 之久。皂土泥浆的流体力学性质不佳。

三、长效灭火剂

长效灭火剂主要是通过破坏燃烧作用的链式反应，或者是改变可燃物燃烧反应途径的化合物，从而使燃烧作用减缓或停止。长效灭火剂是由多种化合物组成的复合物。

(一)化学灭火药剂的一般组成

(1)主剂。是主要的灭火药剂，它对药剂的效能起着决定性作用。

(2)助剂。增强和提高主剂的灭火效能。这种组分可以通过与主剂组分的相互作用而提高灭火剂的效力。

(3)增稠剂和润湿剂。利用它们来改变药液的物理性能，以适应不同的施用场合。

（4）防腐蚀剂。一般灭火溶液，如磷酸铵、硫酸铵的水溶液，对于许多金属，都有不同程度的腐蚀作用，特别是对铜、铝及其合金。为了降低腐蚀程度至可允许范围内，需加防腐蚀剂。

（5）防腐败剂。某些高分子化合物作增稠剂的灭火溶液，易受细菌侵袭而腐败变质。加入防腐败剂可预防这种情况的发生。

（6）着色剂。便于识别喷洒药剂后的目标物，常在药液中加入染料或颜料。常用的有红色、蓝色两种。如罗丹明 B 染料，氧化铁颜料等，以便与森林地被物相区别。夜间喷洒药剂可用荧光染料。

（二）商品灭火剂必须具备的条件

①价格低廉，原料来源丰富。

②商品中各组分，无论是干粉状态或溶液状态，化学和物理性质都较稳定。

③各组分易与水混合，迅速地溶解和水化，达到所需要的黏度。

④对金属的腐蚀性和磨损都较小。

⑤对动植物无毒，对环境不会产生污染作用。

⑥有很好着色能力，着色后有高的能见度，且不会沾染衣物和皮肤。

（三）常见的森林化学灭火主药剂

1. 磷酸铵盐类

（1）常用的磷酸铵盐类灭火剂。磷酸二氢铵（$NH_4H_2PO_4$）、磷酸氢二铵$[(NH_4)_2HPO_4]$、磷酸三铵$[(NH_4)_3PO_4]$、偏磷酸铵（NH_4PO_3）、焦磷酸铵$[(NH_4)_4P_2O_7]$、聚磷酸铵$[(NH_4)_{n+2}P_nO_{3n+1}]$。

（2）磷酸铵盐类灭火机理。窒息、冷却、辐射及对有焰燃烧的化学抑制作用是磷酸铵盐干粉灭火效能的集中体现。其中，化学抑制作用是灭火的基本原理，起主要灭火作用。磷酸二氢铵在燃烧火焰中吸热分解出氨和磷酸，随后生成 P_2O_5。每一步反应均是吸热反应，故有较好的冷却作用；分解产生的游离氨能与火焰燃烧反应中产生的 OH 自由基反应，减少并终止燃烧反应产生的自由基，降低了燃烧反应速率。当火焰中游离氨浓度足够高，与火焰接触面积足够大，自由基中止速率大于燃烧反应生成的速率，链式燃烧反应被终止，导致火焰熄灭。此外，高温下磷酸二氢铵分解，在固体物质表面生成一层玻璃状薄膜残留覆盖物覆盖于燃烧物表面，冷却后形成脆性覆盖物使燃烧表面与空气隔绝，当覆盖物达到一定厚度时能够阻止复燃，阻止燃烧进行。

2. 硫酸铵

硫酸铵也是早已为人们所熟知的灭火化学药剂。虽然 3 份重量硫酸铵的灭火效力相当于 2 份重量磷酸铵，但由于硫酸铵溶解度大，价格低廉，因而在森林防火中得到广泛应用。其工作原理与磷酸铵类似，受热分解产生氨气和硫酸，游离氨能与火焰燃烧反应中产生的 OH 自由基反应，减少并终止燃烧反应产生的自由基，降低了燃烧反应速率；硫酸与纤维素作用形成纤维素硫酸酯薄膜，涂布在植物表面，阻止氧气与可燃物接触而灭火。

3. 卤化物

卤化物受热后分裂出卤原子，卤原子能捕获燃烧反应中游离基，扑灭或减缓燃烧反应。常用的卤化物有氯化钙、氯化镁、氯化铵、氯化锌、氟利昂、海龙等。

卤化物分解产物对大气臭氧层有较大的破坏作用，现在已经停止在森林灭火中使用。

第三节 化学除草剂开设防火线

一、除草剂的常见类型

除草剂可按作用方式、施药部位、化合物来源等多方面分类。

(一)根据作用方式分类

1. 选择性除草剂

除草剂对不同种类的苗木，抗药性程度也不同，此药剂可以杀死杂草，而对苗木无害。如盖草能、氟乐灵、扑草净、西玛津、果尔等。

2. 灭生性除草剂

除草剂对所有植物都有毒性，只要接触绿色部分，不分苗木和杂草，都会受害或被杀死。主要在播种前、播种后出苗前、苗圃主副道上使用。如草甘膦等。

(二)根据除草剂在植物体内的移动情况分类

1. 触杀型除草剂

药剂与杂草接触时，只杀死与药剂接触的部分，起到局部的杀伤作用，植物体内不能传导。只能杀死杂草的地上部分，对杂草的地下部分或有地下茎的多年生深根性杂草，则效果较差。如除草醚、百草枯等。

2. 内吸传导型除草剂

药剂被根系或叶片、芽鞘或茎部吸收后，传导到植物体内，使植物死亡。如草甘膦、扑草净等。

3. 内吸传导、触杀综合型除草剂

具有内吸传导、触杀型双重功能，如杀草胺等。

(三)根据化学结构分类

1. 无机化合物除草剂

这类除草剂由天然矿物原料组成，不含有碳素的化合物。如氯酸钾、硫酸铜等。

2. 有机化合物除草剂

这类除草剂主要由苯、醇、脂肪酸、有机胺等有机化合物合成。如醚类——果尔、均三氮苯类——扑草净、取代脲类——除草剂一号、苯氧乙酸类——2甲4氯、吡啶类——盖草能、二硝基苯胺类——氟乐灵、酰胺类——拉索、有机磷类——草甘膦、酚类——五氯酚钠等。

(四)按使用方法分类

1. 茎叶处理剂

将除草剂溶液兑水，以细小的雾滴均匀地喷洒在植株上，这种喷洒法使用的除草剂叫作茎叶处理剂，如盖草能、草甘膦等。

2. 土壤处理剂

将除草剂均匀地喷洒到土壤上形成一定厚度的药层，当杂草种子的幼芽、幼苗及其根系被接触吸收而起到杀草作用，这种作用的除草剂，叫作土壤处理剂，如西玛津、扑草净、氟乐灵等，可采用喷雾法、浇洒法、毒土法施用。

3. 茎叶、土壤处理剂

可作茎叶处理，也可做土壤处理，如阿特拉津等。

二、除草剂的杀草原理

除草剂引起植物外部形态的变化都来源于它对植物细胞的生理和生化作用的影响，它是通过茎叶或根部两种途径进入植物体后而发生作用的。

1. 触杀型除草剂

此类除草剂进入植物体后，就与原生质发生牢固的结合，在破坏了组织和器官活力的同时，它本身也被固定在处理部位而不能向其他部位传导。在应用这一类除草剂时要求喷洒均匀、周全才能收到良好效果。

2. 内吸传导型除草剂

此类除草剂进入植物体内，随光合作用产物，沿着韧皮部中的筛管运经生长旺盛的顶芽，幼叶和根尖，导致植物的畸形生长，最后引起死亡。由于它们是随光合作用产物转移的，所以晴朗的天气对发挥药效是有利的。

由于除草剂的种类不同，其除草原理也不一样，但总的来说，除草原理在于除草剂作用于杂草，以一种或多种方式发挥作用，抑制光合作用，干扰呼吸作用，影响细胞分裂，伸长或分化，破坏植物体水分平衡，阻碍有机物的运输和影响氮的代谢等，使得杂草体内、体外发生明显变化，以致最终死亡。

三、常用森林防火线除草剂简介

1. 草甘膦（镇草宁）

$$HO-\underset{\underset{OH}{|}}{\overset{\overset{O}{\|}}{P}}-CH_2-NH-CH_2COOH$$

化学名是磷甘酸（N-磷羧甲基甘氨酸）。纯品为白色结晶，挥发性极小，无味，难溶于水，易溶于大多数有机溶剂。无腐蚀性，性能稳定，低毒。

性能：灭生性内吸传导型除草剂，只作茎叶处理，入土无效。

毒理作用：茎叶接触药剂后被吸收进入植物体内，干扰染色体细胞分裂，干扰氨基酸生物合成，从而破坏了呼吸和光合作用，使植物死亡。

它是一种选择性不强，杀草广谱的高活性杀草剂。处理后杂草反应缓慢：一年生杂草一般需2~4d后才有反应，多年生杂草在10d后才见反应。症状是叶片逐渐萎黄，进而变褐色，以至腐烂。地上部分植物出现症状时，地下部分植物也开始反应。它在植物体内有抗降解能力和很强传导能力，因而对多年生杂草的整个体系有很长的持久药效。它极易被生物分解，在土壤中没有残毒。

2. 2,4-D

$$\text{Cl} \underset{\text{Cl}}{\overset{\text{Cl}}{\longleftarrow}} \text{OCH}_2\text{COOH}$$

化学名 2,4-二氯苯氧乙酸。商品中微带有酚的气味,不易溶于水。化学性质稳定,对金属有腐蚀性。其盐能溶于水。当它稀释到 10 万倍时,有促进植物生长并防止果实脱落的作用。浓度高时,引起植物畸形发展,导致枯萎死亡。

常用 2,4-D 除草剂有下列 3 种形式:

(1)2,4-D 钠盐。 $\text{Cl} \underset{\text{Cl}}{\overset{\text{Cl}}{\longleftarrow}} \text{OCH}_2\text{COONa}$,通常加工成 80% 可湿性粉剂,白色,有酚的气味,易溶于水,除草作用缓慢,效果低于铵盐和酯类。

(2)2,4-D 铵盐。 $\text{Cl} \underset{\text{Cl}}{\overset{\text{Cl}}{\longleftarrow}} \text{OCH}_2\text{COONH}_4$,通常加工成 55% 的水剂,呈红褐色。易溶于水,具有挥发性,除草作用较快,效果比钠盐好。

(3)2,4-D 丁酯。 $\text{Cl} \underset{\text{Cl}}{\overset{\text{Cl}}{\longleftarrow}} \text{OCH}_2\text{COOC}_4\text{H}_9$,通常加工成 72% 的乳剂,褐色,内吸性和黏着性很强,除草效果好。

2,4-D 类属于激素型除草剂,具有较高的选择性和内吸性。在杂草萌发期进行土壤处理效果最好,当然进行茎叶处理也能获得较好效果。它能防除野苋菜、内蒙古蒿、兴安蓼、马唐、莎草、牛毛草等多种杂草和木本植物。对禾本科杂草作用较差。它可与许多除草剂混用,防除防火线上杂草和消灭灌木。

3. 茅草枯

$$\text{CH}_3 \overset{\text{Cl}}{\underset{\text{Cl}}{\overset{|}{\underset{|}{\text{C}}}}} \overset{\text{O}}{\overset{\|}{\text{C}}} \text{ONa}$$

化学名 2,2-二氯丙酸钠。商品为 87% 可湿性粉剂,呈白色或稍带黄色,易吸潮,易溶于水,水剂对金属有腐蚀作用,不宜久存。它对人、畜、鱼等有低毒害作用,对人的眼睛和皮肤有刺激作用。

茅草枯为内吸传导型除草剂,在土壤中移动性大,可用作土壤处理,也可用作茎叶处理。当药剂被植物的茎、叶、根吸收后,输导到其他部位,导致叶片枯焦(呈暗绿色),植株收缩,向内卷曲,最后枯干而死。它对茅草、芦苇、狗牙根、香附子、碱草、小叶樟、修氏苔草等单子叶杂草防除效果很好,对双子叶杂草防除效果较差。但与除草醚或 2,4-D 等混用,不仅可扩大杀草范围,还可提高杀草效果,延长残效期。

茅草枯用于防火线除草,残效期为 20~60d。

4. 阿特拉津(莠去津、敌百草)

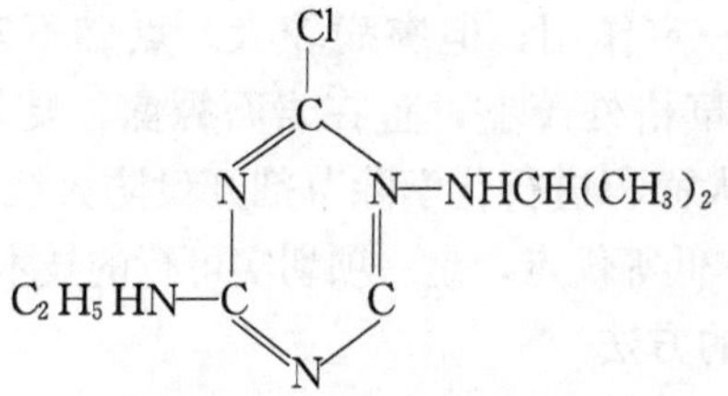

化学名为 2-氯-4-乙胺基-6-异丙胺基均三嗪。商品为 50％可湿性粉剂，呈灰白色，无气味，性质稳定，不易溶于水，无腐蚀性，对人、畜呈低毒性。

阿特拉津为选择性内吸传导型除草剂。其特点是在体内很快被酶水解。杀草作用快，范围广。在土壤中易被雨水淋洗或渗透至较深土层，对灭除深根性杂草效果好。它能被根、茎、叶吸收，因而既可作土壤处理，又可作茎叶处理。

阿特拉津用于防火线除草的残效期为 50～70d。

5. 除草醚

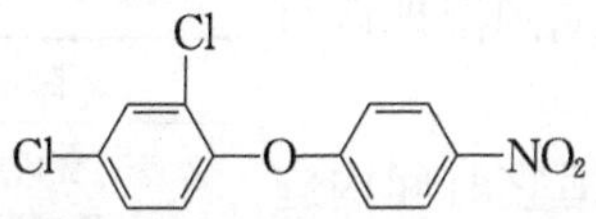

化学名 2,4-二氯苯基-4′-硝基苯基醚。纯品为淡黄色针状结晶。商品有 40％和 50％的乳粉，呈黑褐色，有特殊气味，难溶于水，对人、畜低毒。

除草醚是灭生性触杀型除草剂，具有一定的选择性和内吸传导作用。用作土壤处理，易被土壤吸附，在土壤表层形成药层，不易向下或向四周扩散。生长中的杂草接触到药层或沾上药液后，在阳光帮助下易被杀死。它对防除稗草、马齿苋、牛毛草、狗尾草、马唐及其他一年生杂草和用种子繁殖的多年生杂草效果较好，但对香附子、狗牙根等根性杂草作用不大。该药剂只有光照后才能产生毒力，在黑暗中不能发挥药效。

除草醚与其他除草剂混用，用于处理防火线中杂草，残效期为 20～40d。

6. 五氯苯酚钠

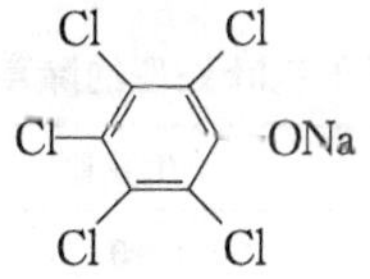

化学名为五氯苯酚钠盐，常带有一分子水。工业品为白色或红色粉末，有特殊臭味，在水中极易溶解，水溶液呈碱性。在空气中易吸潮结块，但不影响药效。在阳光作用下易分解。对人、畜有中等毒性，对眼、鼻、喉有强烈刺激作用。与皮肤接触时间过久，会引起红肿、辣痛、脱皮等。对水生动物毒害很大，使用时应注意。

五氯苯酚钠为灭生性触杀型除草剂。当刚萌发杂草与药剂接触后即被杀死，对宿根性杂草和已长大的杂草灭生效果较差。它主要用来防除稗草和多种由种子繁殖的杂草，如狗尾草、马唐、兴安蓼等。

四、用化学除草剂开设防火线的方法

在预防和扑救森林火灾的过程中，都需要建造防火线。目前，我国主要仍采用自然枯干植物点烧，或人工割草和机械翻耕生土带等方法。这些措施虽然对于阻截外来火源侵袭、防止内地火灾蔓延起到一定作用，但弊病较大。点燃不安全，人工割草费工又不彻底，机械翻耕地段第二年杂草格外茂盛，且在岩石裸露、陡坡、沼泽地带，机械不能作业。因此，目前我国正开始大面积进行化学除草剂开设防火线。应用化学除草剂开设防火线具有效果好、工效高、成本低等优点，是一项切实可行的技术措施，是今后发展的方向。

(一)除草剂开设防火线的方法

1. 触杀型除草剂催干植物、点烧开设防火线

催干、点烧法开设防火线系采用触杀型除草剂，杀伤植物地上部分，使它迅速脱水、枯干，在早霜到来之前，进行点烧。用除草剂催干、点烧，代替了自然枯干，摆脱了自然条件约束，并且安全可靠性大大提高。

该法可用来开设边境、林缘、国铁和森铁的防火线。当杂草茂盛地区，头一年采用触杀型除草剂催干植物、点烧，第二年再用灭生性除草剂，则效果更好。

(1)适用的除草剂和用药量。当气温高，地区干旱可用下限；当高寒地带或潮湿地区可用上限(表 6-1)。

表 6-1 适用于催干植物的除草剂及施药量

除草剂	施药量(千克/亩*)
亚砷酸钠	0.1～0.2
五氯苯酚钠	0.5～1
百草枯	0.05～0.1

＊注：1 亩＝0.067hm²。

(2)施药时间和方法。在最适宜时间内施药，才能收到预期除草效果，若用药过早，杂草还可能再萌生成新植株；若用药过晚，杂草不易枯干。适宜用药时间随各地而异。

(3)点烧方法。可在晴朗、干燥，1～2 级风的天气条件下进行。

2. 灭生性除草剂开设防火线

在新开设防火线和机耕防火线上，使用灭生性除草剂，杀灭一切杂草和灌木，使植物地上和地下部分全部死亡腐烂，失去传火能力。这是开设防火线的主要方法。

(1)适用的除草剂和施药量。用灭生性除草剂开设防火线可采用茎叶处理除草剂和土壤处理除草剂两类(表 6-2、表 6-3)。

表 6-2 适用于茎叶处理的除草剂及施药量 千克/亩

除草剂	机耕防火线	干生草原	湿生草原	沼泽草原
草甘膦	0.1～0.12	0.1～0.15	0.15～0.2	0.1～0.15
茅草枯	1.2～1.5	1.5～2.0	1.5～2.0	1.5～2.0
杀草强	0.8～1.2	0.8～1.2	0.8～1.2	1.2～1.6
草甘膦＋2,4-D	0.08＋0.05	0.1＋0.1	0.1＋0.1	
茅草枯＋2,4-D	1.0＋0.1	1.2＋0.1	1.3＋0.1	
杀草强＋2,4-D	0.8＋0.1	0.8＋0.1	0.8＋0.1	
甲胂钠	0.5～0.6	0.6～0.8	0.6～0.8	
阿特拉津	0.05～0.1	0.1～0.15	0.1～0.15	

表 6-3 适用于土壤处理的除草剂及施药量 千克/亩

除草剂	施药量	除草剂	施药量
敌草隆	1.0～2.0	阿特拉津	0.1～0.15
非草隆	1.0～2.0	氯酸钠	4～6
利谷隆	0.2～0.4	西玛津+茅草枯	0.1+0.2
灭草隆	1.0～2.0		

由表 6-2 可以看出：草甘膦杀灭一年生和多年生宿根性单、双子叶杂草效果较好。茅草枯与杀草强除草效果也较好，特别是单子叶植物，如碱草、小叶樟、苔草等更为明显。

在双子叶植物较多地区，可用草甘膦、茅草枯、杀草强与 2,4-D 或二甲四氯混用，能降低用药量，扩大杀草范围，提高除草效果。

（2）施药时间

①茎叶处理除草剂施药时间和方法 应考虑极大多数杂草已出土，植株尚未老化，施药当年能使杂草倒伏腐烂，而且新生植株很少，在防火期到来时，丧失传火能力等因素来综合确定，具体时间随各地而异。主要方法为喷雾法，根据立地条件和具体情况，选用喷雾机械，喷药量通常为 $75～150kg/hm^2$。

②土壤处理除草剂施药时间和方法 各地杂草生育期不同，施药时间也不一样。用作土壤处理的灭生性除草剂施药时间，应在杂草种子萌发以及根茎萌芽阶段用药。常用喷雾法，将药液均匀地喷到地表上。

（二）防火线上灌木和树木的防除

当规定的防火线上有灌木和树木时，也可用除草剂来防除。

防火线上灌木，由于生物量大，可用大剂量药剂或多种除草剂混用，达到防除目的。

如触杀型的毒莠定，用作土壤处理，用药量为 $75kg/hm^2$ 左右。

灭生性的草甘膦（$2.25kg/hm^2$）加二甲四氯（$0.75kg/hm^2$）加硫酸铵（$6kg/hm^2$）加柴油（$1.125kg/hm^2$），做茎叶处理效果较好。

附 录

附录1 难溶物质的溶度积常数表

化合物	溶度积	化合物	溶度积
卤化物		$Be(OH)_2$无定形	1.6×10^{-22}
$AgBr$	5.0×10^{-13}	$Ca(OH)_2$	5.5×10^{-6}
$AgCl$	1.8×10^{-10}	$Zn(OH)_2$	1.2×10^{-17}
AgI	8.3×10^{-17}	$Sr(OH)_2$	9×10^{-4}
BaF_2	1.84×10^{-7}	$Cd(OH)_2$	5.27×10^{-15}
CaF_2	5.3×10^{-9}	$Co(OH)_2$粉红色	1.09×10^{-15}
$CuBr$	5.3×10^{-9}	$Co(OH)_2$蓝色	5.92×10^{-15}
$CuCl$	1.2×10^{-6}	$Co(OH)_3$	1.6×10^{-44}
CuI	1.1×10^{-12}	$Cr(OH)_3$	6.3×10^{-31}
Hg_2Cl_2	1.3×10^{-18}	$Cu(OH)_2$	2.2×10^{-20}
Hg_2I_2	4.5×10^{-29}	$Fe(OH)_2$	8.0×10^{-16}
HgI_2	2.9×10^{-29}	$Fe(OH)_3$	4×10^{-38}
$PbBr_2$	6.60×10^{-6}	$Mg(OH)_2$	1.8×10^{-11}
$PbCl_2$	1.6×10^{-5}	铬酸盐	
PbF_2	3.3×10^{-8}	Ag_2CrO_4	1.12×10^{-12}
PbI_2	7.1×10^{-9}	$Ag_2Cr_2O_7$	2.0×10^{-7}
SrF_2	4.33×10^{-9}	$BaCrO_4$	1.2×10^{-10}
碳酸盐		$CaCrO_4$	7.1×10^{-4}
Ag_2CO_3	8.45×10^{-12}	Cu_2CrO_4	3.6×10^{-6}
$BaCO_3$	5.1×10^{-9}	Hg_2CrO_4	2.0×10^{-9}
$CaCO_3$	3.36×10^{-9}	$PbCrO_4$	2.8×10^{-13}
$CdCO_3$	1.0×10^{-12}	$SrCrO_4$	2.2×10^{-5}
$CuCO_3$	1.4×10^{-10}	硫酸盐	
$FeCO_3$	3.13×10^{-11}	Ag_2SO_4	1.4×10^{-5}
Hg_2CO_3	3.6×10^{-17}	$BaSO_4$	1.1×10^{-10}
$MgCO_3$	6.82×10^{-6}	$CaSO_4$	9.1×10^{-6}
$MnCO_3$	2.24×10^{-11}	Hg_2SO_4	6.5×10^{-7}
$NiCO_3$	1.42×10^{-7}	$PbSO_4$	1.6×10^{-8}
$PbCO_3$	7.4×10^{-14}	$SrSO_4$	3.2×10^{-7}
$SrCO_3$	5.6×10^{-10}	磷酸盐	
$ZnCO_3$	1.46×10^{-10}	Ag_3PO_4	1.4×10^{-16}
氢氧化物		$AlPO_4$	6.3×10^{-19}
$AgOH$	2.0×10^{-8}	$CaHPO_4$	1×10^{-7}
$Al(OH)_3$无定形	1.3×10^{-33}	$Ca_3(PO_4)_2$	2.0×10^{-29}

（续）

化合物	溶度积	化合物	溶度积
$Cd_3(PO_4)_2$	2.53×10^{-33}	$Hg_2C_2O_4$	1.75×10^{-13}
$Cu_3(PO_4)_2$	1.40×10^{-37}	$MgC_2O_4\cdot2H_2O$	4.83×10^{-6}
$FePO_4\cdot2H_2O$	9.91×10^{-16}	$MnC_2O_4\cdot2H_2O$	1.70×10^{-7}
$MgNH_4PO_4$	2.5×10^{-23}	PbC_2O_4	8.51×10^{-10}
$Mg_3(PO_4)_2$	1.04×10^{-24}	$SrC_2O_4\cdot H_2O$	1.6×10^{-7}
$Pb_3(PO_4)_2$	8.0×10^{-43}	$ZnC_2O_4\cdot2H_2O$	1.38×10^{-9}
$Zn_3(PO_4)_2$	9.0×10^{-33}	硫化物	
草酸盐		AgS	6.3×10^{-50}
$Ag_2C_2O_4$	5.4×10^{-12}	Cu_2S	2.5×10^{-48}
BaC_2O_4	1.6×10^{-7}	CuS	6.3×10^{-36}
$CaC_2O_4\cdot H_2O$	4×10^{-9}	FeS	6.3×10^{-18}
CuC_2O_4	4.43×10^{-10}	HgS 黑色	1.6×10^{-52}
$FeC_2O_4\cdot2H_2O$	3.2×10^{-7}	HgS 红色	4×10^{-53}

附录 2 常见弱电解质在水溶液中的电离常数

电解质		温度	分布	电离常数	pKa/pKb
名称	化学式	(℃)		K_a 或 K_b	
碳酸	H_2CO_3	25	K_{a1}	4.30×10^{-7}	6.73
			K_{a2}	5.61×10^{-11}	10.25
亚硫酸	H_2SO_3	18	K_{a1}	1.54×10^{-2}	1.81
			K_{a2}	1.02×10^{-7}	6.99
硼酸	H_3BO_3	20	K_{a1}	7.30×10^{-10}	9.14
			K_{a2}	1.80×10^{-13}	12.74
			K_{a3}	1.60×10^{-14}	13.80
氢氰酸	HCN	25	K_a	4.93×10^{-10}	9.31
氢硫酸	H_2S	18	K_{a1}	9.10×10^{-8}	7.04
			K_{a2}	1.10×10^{-12}	11.96
草酸	$H_2C_2O_4$	25	K_{a1}	5.90×10^{-2}	1.23
			K_{a2}	6.40×10^{-5}	4.19
氢氟酸	HF	25	K_a	3.53×10^{-4}	3.45
亚硝酸	HNO_2	12.5	K_a	4.60×10^{-4}	3.37
磷酸	H_3PO_4	25	K_{a1}	7.52×10^{-3}	2.12
			K_{a2}	6.23×10^{-8}	7.21
			K_{a3}	4.80×10^{-13}	12.32
硫代硫酸	$H_2S_2O_3$	25	K_{a1}	2.50×10^{-1}	0.60
			K_{a2}	1.90×10^{-2}	1.72
硅酸	H_2SiO_3	25	K_{a1}	2.00×10^{-10}	9.7
			K_{a2}	1.00×10^{-12}	12.0
醋酸	CH_3COOH	25	K_a	1.76×10^{-5}	4.75
氨水	$NH_3 \cdot H_2O$	25	K_b	1.77×10^{-5}	4.75

附录3　常见配离子的稳定常数

配离子	K_f	配离子	K_f
$Ag(CN)_2^-$	5.6×10^{18}	$Cu(NH_3)_4^{2+}$	1.1×10^{13}
$Ag(EDTA)^{3-}$	2.1×10^7	$Fe(CN)_6^{3-}$	1.0×10^{42}
$Ag(en)_2^+$	5.0×10^7	$Fe(CN)_6^{4-}$	1.0×10^{37}
$Ag(NH_3)_2^+$	1.6×10^7	$Fe(EDTA)^-$	1.7×10^{24}
$Ag(SCN)_4^{3-}$	1.2×10^{10}	$Fe(EDTA)^{2-}$	2.1×10^{14}
$Ag(S_2O_3)_2^{3-}$	1.7×10^{13}	$Fe(SCN)^{2+}$	8.9×10^2
$Al(EDTA)^-$	1.3×10^{16}	$HgCl_4^{2-}$	1.2×10^{15}
$Al(OH)_4^-$	1.1×10^{33}	$Hg(CN)_4^{2-}$	3.0×10^{41}
$Al(ox)_3^{3-}$	2.0×10^{16}	HgI_4^{2-}	6.8×10^{29}
$CdCl_4^{2-}$	6.3×10^2	$Ni(CN)_4^{2-}$	2.0×10^{31}
$Cd(CN)_4^{2-}$	6.0×10^{18}	$Ni(en)_3^{2+}$	2.1×10^{18}
$Cd(en)_3^{2+}$	1.2×10^{12}	$Ni(NH_3)_6^{2+}$	5.5×10^8
$Cd(NH_3)_4^{2+}$	1.3×10^7	$PbCl_3^-$	2.4×10^1
$Co(EDTA)^-$	1.0×10^{36}	PbI_4^{2-}	3.0×10^4
$Co(EDTA)^{2-}$	2.0×10^{16}	$Pb(OH)_3^-$	3.8×10^{14}
$Co(en)_3^{2+}$	8.7×10^{13}	$Pt(NH_3)_6^{2+}$	2.0×10^{35}
$Co(en)_3^{3+}$	4.9×10^{48}	$Zn(CN)_4^{2-}$	1.0×10^{18}
$Co(NH_3)_6^{2+}$	1.3×10^5	$Zn(NH_3)_4^{2+}$	4.1×10^8
$Co(NH_3)_6^{3+}$	4.5×10^{33}	$Zn(OH)_4^{2-}$	4.6×10^{17}
$Co(ox)_3^{3-}$	1.0×10^{20}	$Cr(EDTA)^-$	1.0×10^{23}
$Co(ox)_3^{4-}$	5.0×10^9	$Cr(OH)_4^-$	8.0×10^{29}
$Co(SCN)_4^{2-}$	1.0×10^3	$CuCl_3^{2-}$	5.0×10^5
$Cu(en)_2^{2+}$	1.0×10^{20}		

参 考 文 献

陈若愚，朱建飞．2011．无机与分析化学学习指导[M]．大连：大连理工大学出版社．

陈三平，崔斌．2011．基础化学实验[M]．北京：科学出版社．

大连理工大学普通化学教研室．2001．大学普通化学[M]．大连：大连理工大学出版社．

国家林业局森林防火办公室．2003．中国生物防火林带建设[M]．北京：中国林业出版社．

胡海清．2005．林火生态与管理[M]．北京：中国林业出版社．

吉卯祉．2009．有机化学[M]．北京：科学出版社．

姜红，王继芬．2008．公安基础化学例题与习题[M]．北京：中国人民公安大学出版社．

刘幸平，黄尚荣．2005．无机化学[M]．北京：科学出版社．

裴伟伟．2006．基础有机化学习题解析[M]．北京：高等教育出版社．

任玉杰．2010．有机化学[M]．上海：华东理工大学出版社．

汪小兰．2005．有机化学[M]．北京：高等教育出版社．

王积涛．2009．有机化学[M]．天津：南开大学出版社．

王彦吉．1999．公安基础化学[M]．北京：中国人民公安大学出版社．

魏青．2011．基础化学实验[M]．北京：科学出版社．

魏振枢，杨永杰．2007．环境保护概论[M]．北京：化学工业出版社．

邢其毅，裴伟伟，徐瑞秋，等．2005．基础有机化学[M]．北京：高等教育出版社．

严宣申，王长富．1999．普通无机化学[M]．北京：北京大学出版社．

杨宏孝．2004．无机化学[M]．北京：高等教育出版社．

曾昭琼．2004．有机化学[M]．北京：高等教育出版社．

战友．2010．环境保护概论[M]．北京：化学工业出版社．

张宝贵．2009．环境化学[M]．武汉：华中科技大学出版社．

张谨，戴猷元．2008．环境化学导论[M]．北京：化学工业出版社．

元 素 周 期

	+2 +3 +4 +5 +6	**95** 原子序数
	Am	元素符号（红色的为放射性元素）
	镅 ▲	元素名称（注 ▲ 的为人造元素）
	$5f^7 7s^2$	价层电子构型
	243.06 ✦	

族 周期	1 IA	2 IIA	3 IIIB	4 IVB	5 VB	6 VIB	7 VIIB	8	9
1	−1 +1 **1** **H** 氢 $1s^1$ 1.00794(7)							VIIIB	
2	+1 **3** **Li** 锂 $2s^1$ 6.941(2)	+2 **4** **Be** 铍 $2s^2$ 9.012182(3)							
3	−1 +1 **11** **Na** 钠 $3s^1$ 22.989770(2)	+2 **12** **Mg** 镁 $3s^2$ 24.3050(6)							
4	−1 +1 **19** **K** 钾 $4s^1$ 39.0983(1)	+2 **20** **Ca** 钙 $4s^2$ 40.078(4)	+3 **21** **Sc** 钪 $3d^1 4s^2$ 44.955910(8)	−1 +2 +3 +4 **22** **Ti** 钛 $3d^2 4s^2$ 47.867(1)	0 +2 +3 +4 +5 **23** **V** 钒 $3d^3 4s^2$ 50.9415	−3 +2 +3 +4 +5 +6 **24** **Cr** 铬 $3d^5 4s^1$ 51.9961(6)	−2 +1 +2 +3 +4 +5 +6 +7 **25** **Mn** 锰 $3d^5 4s^2$ 54.938049(9)	−2 0 +2 +3 +4 +5 +6 **26** **Fe** 铁 $3d^6 4s^2$ 55.845(2)	0 +2 +3 +4 +5 **27** **Co** 钴 $3d^7 4s^2$ 58.933200(9)
5	−1 +1 **37** **Rb** 铷 $5s^1$ 85.4678(3)	+2 **38** **Sr** 锶 $5s^2$ 87.62(1)	+3 **39** **Y** 钇 $4d^1 5s^2$ 88.90585(2)	+1 +2 +3 +4 **40** **Zr** 锆 $4d^2 5s^2$ 91.224(2)	0 +2 +3 +4 +5 **41** **Nb** 铌 $4d^4 5s^1$ 92.90638(2)	±1 +2 +3 +4 +5 +6 **42** **Mo** 钼 $4d^5 5s^1$ 95.94(2)	0 +2 +3 +4 +5 +6 +7 **43** **Tc** 锝 ▲ $4d^5 5s^2$ 97.907 ✦	0 +2 +3 +4 +5 +6 +8 **44** **Ru** 钌 $4d^7 5s^1$ 101.07(2)	0 +1 +2 +3 +4 **45** **Rh** 铑 $4d^8 5s^1$ 102.90550(2)
6	−1 +1 **55** **Cs** 铯 $6s^1$ 132.90545(2)	+2 **56** **Ba** 钡 $6s^2$ 137.327(7)	**57~71** **La–Lu** 镧系	+1 +2 +3 +4 **72** **Hf** 铪 $5d^2 6s^2$ 178.49(2)	0 +2 +3 +4 +5 **73** **Ta** 钽 $5d^3 6s^2$ 180.9479(1)	0 +2 +3 +4 +5 +6 **74** **W** 钨 $5d^4 6s^2$ 183.84(1)	0 +2 +3 +4 +5 +6 +7 **75** **Re** 铼 $5d^5 6s^2$ 186.207(1)	0 +2 +3 +4 +5 +6 +8 **76** **Os** 锇 $5d^6 6s^2$ 190.23(3)	0 +1 +2 +3 +4 **77** **Ir** 铱 $5d^7 6s^2$ 192.217(3)
7	+1 **87** **Fr** 钫 ▲ $7s^1$ 223.02 ✦	+2 **88** **Ra** 镭 $7s^2$ 226.03 ✦	**89~103** **Ac–Lr** 锕系	**104** **Rf** 𬬻 ▲ $6d^2 7s^2$ 261.11 ✦	**105** **Db** 𬭊 ▲ $6d^3 7s^2$ 262.11 ✦	**106** **Sg** 𬭳 ▲ $6d^4 7s^2$ 263.12 ✦	**107** **Bh** 𬭛 ▲ $6d^5 7s^2$ 264.12 ✦	**108** **Hs** 𬭶 ▲ $6d^6 7s^2$ 265.13 ✦	**109** **Mt** 鿏 ▲ $6d^7 7s^2$ 266.13

★ 镧系	+3 **57** **La** ★ 镧 $5d^1 6s^2$ 138.9055(2)	+2 +3 +4 **58** **Ce** 铈 $4f^1 5d^1 6s^2$ 140.116(1)	+3 +4 **59** **Pr** 镨 $4f^3 6s^2$ 140.90765(2)	+2 +3 +4 **60** **Nd** 钕 $4f^4 6s^2$ 144.24(3)	+3 **61** **Pm** 钷 ▲ $4f^5 6s^2$ 144.91 ✦	+2 +3 **62** **Sm** 钐 $4f^6 6s^2$ 150.36(3)	+2 +3 **63** **Eu** 铕 $4f^7 6s^2$ 151.964(1)
★ 锕系	+3 **89** **Ac** ★ 锕 $6d^1 7s^2$ 227.03 ✦	+3 +4 **90** **Th** 钍 $6d^2 7s^2$ 232.0381(1)	+3 +4 +5 **91** **Pa** 镤 $5f^2 6d^1 7s^2$ 231.03588(2)	+3 +4 +5 +6 **92** **U** 铀 $5f^3 6d^1 7s^2$ 238.02891(3)	+3 +4 +5 +6 +7 **93** **Np** 镎 $5f^4 6d^1 7s^2$ 237.05	+3 +4 +5 +6 **94** **Pu** 钚 $5f^6 7s^2$ 244.06	+3 +4 +5 +6 **95** **Am** 镅 ▲ $5f^7 7s^2$ 243.06

表

| | | | | | | | 18 | |
| | | | | | | | VIIIA | 电子层 |

s区元素　p区元素
d区元素　ds区元素
f区元素　稀有气体

13 IIIA	14 IVA	15 VA	16 VIA	17 VIIA	18 VIIIA	
					2 He 氦 1s² 4.002602(2)	K
+3 **5** B 硼 2s²2p¹ 10.811(7)	-4 +2 +4 **6** C 碳 2s²2p² 12.0107(8)	-3 -2 -1 +1 +2 +3 +4 +5 **7** N 氮 2s²2p³ 14.0067(2)	-2 **8** O 氧 2s²2p⁴ 15.9994(3)	-1 **9** F 氟 2s²2p⁵ 18.9984032(5)	**10** Ne 氖 2s²2p⁶ 20.1797(6)	L K
+3 **13** Al 铝 3s²3p¹ 26.981538(2)	-4 +2 +4 **14** Si 硅 3s²3p² 28.0855(3)	-3 +1 +3 +5 **15** P 磷 3s²3p³ 30.973761(2)	-2 +4 +6 **16** S 硫 3s²3p⁴ 32.065(5)	-1 +3 +5 +7 **17** Cl 氯 3s²3p⁵ 35.453(2)	**18** Ar 氩 3s²3p⁶ 39.948(1)	M L K

10	11 IB	12 IIB						
0 ±1 +2 +3 +4 **28** Ni 镍 3d⁸4s² 58.6934(2)	+1 +2 +3 +4 **29** Cu 铜 3d¹⁰4s¹ 63.546(3)	+1 +2 **30** Zn 锌 3d¹⁰4s² 65.409(4)	+1 +3 **31** Ga 镓 4s²4p¹ 69.723(1)	+2 +4 **32** Ge 锗 4s²4p² 72.64(1)	-3 +3 +5 **33** As 砷 4s²4p³ 74.92160(2)	-2 +4 +6 **34** Se 硒 4s²4p⁴ 78.96(3)	-1 +1 +5 +7 **35** Br 溴 4s²4p⁵ 79.904(1)	+2 +4 **36** Kr 氪 4s²4p⁶ 83.798(2)	N M L K
+1 +2 +3 +4 **46** Pd 钯 4d¹⁰ 106.42(1)	+1 +2 +3 **47** Ag 银 4d¹⁰5s¹ 107.8682(2)	+1 +2 **48** Cd 镉 4d¹⁰5s² 112.411(8)	+1 +3 **49** In 铟 5s²5p¹ 114.818(3)	+2 +4 **50** Sn 锡 5s²5p² 118.710(7)	-3 +3 +5 **51** Sb 锑 5s²5p³ 121.760(1)	-2 +2 +4 +6 **52** Te 碲 5s²5p⁴ 127.60(3)	-1 +1 +5 +7 **53** I 碘 5s²5p⁵ 126.90447(3)	+2 +4 +6 +8 **54** Xe 氙 5s²5p⁶ 131.293(6)	O N M L K
0 +1 +2 +4 +5 +6 **78** Pt 铂 5d⁹6s¹ 195.078(2)	+1 +2 +3 +5 **79** Au 金 5d¹⁰6s¹ 196.96655(2)	+1 +2 +3 **80** Hg 汞 5d¹⁰6s² 200.59(2)	+1 +3 **81** Tl 铊 6s²6p¹ 204.3833(2)	+2 +4 **82** Pb 铅 6s²6p² 207.2(1)	-3 +3 +5 **83** Bi 铋 6s²6p³ 208.98038(2)	-2 +2 +4 +6 **84** Po 钋 6s²6p⁴ 208.98⁺	±1 +5 +7 **85** At 砹 6s²6p⁵ 209.99⁺	+2 **86** Rn 氡 6s²6p⁶ 222.02⁺	P O N M L K
110 Ds 鿏^ (269)	**111** Rg 錀^ (272)⁺	**112** Uub^ (277)⁺	**113** Uut^ (278)⁺	**114** Uuq^ (289)⁺	**115** Uup^ (288)⁺	**116** Uuh^ (289)⁺		Q P O N M L K

+3 **64** Gd 钆 4f⁷5d¹6s² 157.25(3)	+3 +4 **65** Tb 铽 4f⁹6s² 158.92534(2)	+3 +4 **66** Dy 镝 4f¹⁰6s² 162.500(1)	+3 **67** Ho 钬 4f¹¹6s² 164.93032(2)	+3 **68** Er 铒 4f¹²6s² 167.259(3)	+2 +3 **69** Tm 铥 4f¹³6s² 168.93421(2)	+2 +3 **70** Yb 镱 4f¹⁴6s² 173.04(3)	+3 **71** Lu 镥 4f¹⁴5d¹6s² 174.967(1)
+3 +4 **96** Cm 锔 5f⁷6d¹7s² 247.07⁺	+3 +4 **97** Bk 锫 5f⁹7s² 247.07⁺	+2 +3 +4 **98** Cf 锎 5f¹⁰7s² 251.08⁺	+2 +3 **99** Es 锿 5f¹¹7s² 252.08⁺	+2 +3 **100** Fm 镄 5f¹²7s² 257.10⁺	+2 +3 **101** Md 钔 5f¹³7s² 258.10⁺	+2 +3 **102** No 锘^ 5f¹⁴7s² 259.10⁺	+3 **103** Lr 铹^ 5f¹⁴6d¹7s² 260.11⁺